L'EAU EN 150 QUESTIONS

L'EAU EN 150 QUESTIONS

Marie-Christine de La Souchère

ellipses

ISBN 978-2-7298-4299-4

32, rue Bargue 75740 Paris cedex 15

www.editions-ellipses.fr

TABLE DES MATIÈRES

INTRODUCTION

Le XXIe siècle sera-t-il celui de l'eau ? Très « tendance » en ce moment, le thème de l'eau fait couler beaucoup d'encre. Chimistes et physiciens, astronomes et biologistes, géographes et géologues, industriels et écologistes, tous cherchent à s'approprier cette richesse naturelle.

À la fois ludiques et pédagogiques, les pages qui suivent ont pour vocation de rassembler quelques-unes des connaissances actuelles relatives à l'eau, sous toutes ses formes et partout où elle se trouve. Avec comme principal souci : celui de la clarté et de l'objectivité.

La présentation par thèmes, sous forme de questions-réponses, permet une lecture à la carte, en fonction des goûts et des connaissances de chacun. Le décryptage des propriétés de l'eau ainsi que les problèmes liés à sa répartition et à sa qualité occupent un important volet de l'ouvrage. Mais part belle est faite également à des domaines plus confidentiels, ayant trait au nucléaire par exemple, ou à l'eau dans le cosmos. Sans oublier la maîtrise des techniques du futur, dans le cadre du développement durable, que ce soit le dessalement de l'eau de mer, la prospection des hydrates de gaz, les fameux clathrates, ou le développement des piles à combustible et la conception de sous-marins ultrarapides…

Le profane aussi bien que le lecteur aguerri trouveront dans cet ouvrage de culture générale, abondamment illustré, de quoi alimenter leur curiosité. Les encadrés : *Une question peut en cacher une autre*, autorisent une lecture à deux niveaux, laissant à ceux qui le souhaitent le loisir d'approfondir tel ou tel point et la satisfaction de lever de nouvelles interrogations.

Remerciements

Le CEA, le CNES et l'ESA,

L'observatoire SNO et la NASA,

La société *Degrémont* et la SIVOM, François Epaillard, Martial Willgalis,

Les sociétés *Eau de Paris* et *Veolia*, Jean-Pierre Bourrillon, Gilles Hureaux, Emmanuel Jestin,

Les éditions *Ellipses*, Corinne Baud, Brieuc Bénézet

Et aussi Arnaud, Hervé et Olivier pour leur patience durant la période où j'ai rédigé les pages qui suivent.

AUTOPORTRAIT
MOI, LA MOLÉCULE D'EAU

Bonjour,

Je me présente : H_2O, la molécule d'eau et l'héroïne de cet ouvrage. On me voit partout (ou presque) et tout le monde, chimiste ou non, connaît ma formule. Comme elle l'indique si bien, je renferme un atome d'oxygène et deux atomes d'hydrogène. Et comme toutes les molécules ici bas (et ailleurs), je possède des électrons, qui sont chargés négativement. Mon oxygène en est très avide alors que mes hydrogènes (tous les goûts sont dans la nature) chercheraient plutôt à s'en débarrasser. Je me retrouve ainsi avec un pôle négatif du côté de l'oxygène et un pôle positif du côté des hydrogènes. Bref, quelle que soit la température, je suis POLAIRE ! Ce dernier point peut vous sembler anodin mais, comme vous aurez l'occasion de le découvrir dans les pages qui suivent, vous ne seriez certainement pas là si tel n'était le cas.

En ce qui concerne mes mensurations, j'ai choisi de donner dans le discret et non dans le « tape-à-l'œil » comme ces mastodontes qui étalent complaisamment leurs chaînes carbonées dans les manuels de chimie organique : une taille excédant à peine le dix millionième de millimètre et une masse de trente milliardièmes de milliardième de milliardième de kilogramme ! À défaut de me voir « en chair et en eau », on a cherché à me représenter et voici mon portrait favori :

Glacier d'Arsine et lac homonyme (Hautes-Alpes)

CHAPITRE I

L'EAU DANS TOUS SES ÉTATS

C'est l'eau qui mène la nature.

Léonard de Vinci

Pourquoi les chevaux du lac Ladoga ont-ils péri dans les glaces ?

Il n'y a pas pire eau que l'eau qui dort. L'histoire véridique que rapporte l'écrivain germano-italien Curzio Malaparte dans son livre *Kaputt* est là pour en témoigner. Durant l'hiver 1942, de violents combats opposaient les armées allemande et soviétique autour de la ville de Leningrad. Pour échapper à un feu de forêt provoqué par de violents bombardements aériens, une horde de près d'un millier de chevaux sauvages se précipita dans le lac Ladoga. En dépit de la vague de froid récente, l'eau du lac était encore liquide. Mais, alors que les bêtes nageaient vers la rive opposée, l'eau se mit brusquement à geler dans un fracas épouvantable. Les chevaux se trouvèrent pris dans une gangue de glace et, le lendemain, « le lac était comme une immense plaque de marbre blanc sur laquelle étaient posées des centaines et des centaines de têtes de chevaux ».

Ce phénomène surprenant est un exemple de surfusion. Dans les conditions habituelles, l'eau qui se refroidit passe de l'état liquide à l'état solide à la température de zéro degré Celsius. Mais, dans certains cas, elle peut demeurer liquide bien au-dessous du point théorique de congélation, jusque vers – 40 °C. La persistance de cet état très instable, que les chimistes qualifient de métastable, constitue la surfusion.

Deux conditions sont nécessaires pour qu'il y ait surfusion : le refroidissement doit être très rapide et l'eau doit être très pure. La glace ne se forme que s'il existe un germe à partir duquel les cristaux de glace peuvent croître. Plus on s'éloigne du zéro, plus la taille de germe requise pour la cristallisation diminue.

Dans un état métastable, à peu près n'importe quoi peut servir de germe : l'injection d'une impureté ou une agitation du liquide suffisent pour déclencher la croissance des cristaux de glace.

Dans l'histoire rapportée par Malaparte, le lac Ladoga se trouvait précisément en état de surfusion. Les malheureux chevaux rompirent ce fragile équilibre en déplaçant les masses d'eau et en y introduisant des impuretés (herbes, poussières, grains de sable, poils...). Le gel de l'étendue liquide devait sceller leur sort sans tarder.

Une question peut en cacher une autre

Existe-t-il d'autres exemples de surfusion ?

Oui : un avion, par exemple, peut se couvrir de givre en quelques secondes lorsqu'il traverse un nuage dont les gouttelettes d'eau sont en état métastable. Les carlingues des avions sont équipées de résistances chauffantes qui, disposées aux entrées d'air et sur les pales des hélices, préviennent la formation d'une glace qui alourdirait l'appareil. En outre, un système de dégivrage, constitué d'une sorte de boudin en matière synthétique, permet de casser le givre qui se serait déposé sur les bords d'attaque des ailes.

Pourquoi la glace flotte-t-elle ?

Les propriétés exceptionnelles de la glace sont dues à un type particulier de liaison chimique : la liaison hydrogène.

L'eau est une molécule polaire : ses deux hydrogènes portent chacun une légère charge positive, et son oxygène deux légères charges négatives. Les charges positives attirant les charges négatives, chaque hydrogène va interagir électriquement avec l'oxygène d'une molécule d'eau voisine, créant une liaison dite hydrogène. De même, l'oxygène établit deux liaisons avec les hydrogènes de deux autres molécules.

Au total, chaque molécule d'eau est liée à quatre autres molécules du même type, deux par le biais des hydrogènes et deux par le biais de l'oxygène. Dans l'eau liquide, les molécules sont très mobiles et libres de se réorienter. En phase solide, l'établissement des liaisons hydrogène conduit à un ordre figé à grande

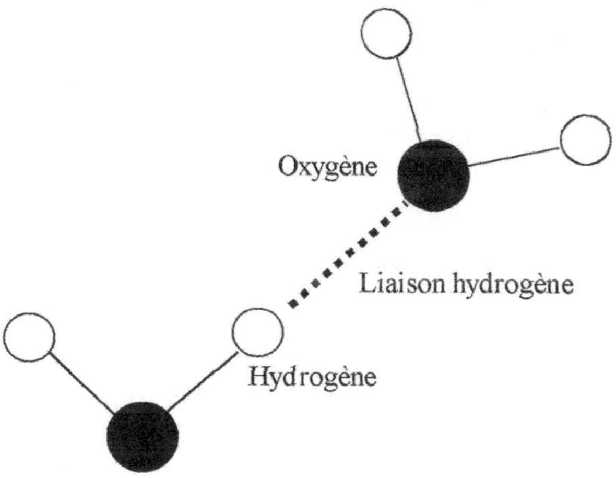

La liaison hydrogène

distance, sous forme d'une répartition spatiale de type hexagonal. Cette structure cristalline laisse apparaître des vides dont les dimensions excèdent celles de la molécule d'eau, si bien que la glace ordinaire ou glace Ih (I en tant que première variété connue et h comme hexagonal) est l'une des moins denses qui soit.

Structure de la glace

Lorsque la glace fond, il y a rupture d'une partie des liaisons hydrogène. Dès 1933, des études détaillées aux rayons X ont révélé que coexistaient dans l'eau liquide des îlots cristallins, restes de la structure de la glace, et des molécules isolées s'en étant détachées. Celles-ci peuvent s'incruster dans les vides de la structure cristalline, ce qui provoque le tassement de l'eau. Grossièrement, onze litres de glace donnent dix litres d'eau liquide. Cette diminution de volume entraînée par la fonte est tout à fait exceptionnelle car, la plupart du temps, les liquides sont moins compacts que les solides.

Lorsque l'on continue de chauffer, la contraction de l'eau se poursuit de 0 °C à 4 °C. Pour des températures supérieures, la dilatation due à l'agitation thermique l'emporte sur le tassement des molécules consécutif à la rupture des liaisons hydrogène. Si bien que la densité de l'eau commence à décroître à partir de 4 °C. Chauffer de l'eau requiert un très gros apport d'énergie du fait de la rupture des liaisons hydrogène qui ne disparaîtront totalement que lors du passage à l'état gazeux. Il est dix fois plus « économique » de chauffer du cuivre que de l'eau. Et sans les liaisons hydrogène, l'eau gèlerait à – 100 °C et bouillirait à – 80 °C !

Une question peut en cacher une autre

La liaison hydrogène est-elle figée ?

Des chercheurs du CNRS ont réussi à suivre les mouvements des liaisons hydrogène dans l'eau liquide, par la technique dite « pompe-sonde », qui combine les méthodes de la physique des liquides avec celles de la spectroscopie infrarouge. La longueur de la liaison hydrogène est de 0,286 nanomètre à l'équilibre mais les liaisons hydrogène se font et se défont sans arrêt, les processus se déroulant sur des temps très courts, allant de la femtoseconde à la picoseconde.

Qu'est-ce que la glace haute densité ?

Lorsque l'on abaisse la température de l'eau sous la pression atmosphérique standard, la glace ordinaire ou glace Ih se forme théoriquement à 0 °C, mais il arrive que de l'eau très pure, exempte de tout germe de condensation, reste liquide jusqu'aux alentours de – 40 °C : c'est le phénomène de surfusion. Entre

– 40 °C et – 130 °C, la durée de vie de l'eau liquide est très faible. Dans ce « no man's land », les chercheurs ne savent plus trop quelle est sa structure car ils n'ont plus les moyens de l'observer.

À des températures plus basses, refroidie brutalement, l'eau se transforme en glace amorphe, c'est-à-dire que les molécules ne sont plus arrangées selon un ordre bien précis comme dans les cristaux, mais ont repris leur liberté. La glace, qui ressemble à un liquide figé, possède une structure qui rappelle celle du verre. Elle est dite basse densité car elle flotte dans l'eau liquide. Lorsqu'on la chauffe, toujours à la pression ordinaire, on obtient une variété cristalline cubique dite Ic, avant de retrouver la glace Ih vers – 80 °C.

Les choses se compliquent à haute pression. Selon les conditions de température, on obtient une vingtaine de glaces différentes, cristallines ou amorphes, qui diffèrent par l'agencement des molécules d'eau. La majorité d'entre elles ont une densité supérieure à l'unité et couleraient si elles étaient plongées dans l'eau ordinaire, à supposer que leur structure ne rechange pas à son contact.

Les glaces cristallines sont repérées par des chiffres romains. Les variétés notées II et III furent découvertes par G. Tammann, de l'Université de Leipzig, à partir de 1900, les V et VI par P.W. Bridgman de l'Université d'Harvard en 1912, suivie par la IV, métastable, dans les années trente et la VII en 1937. Cette glace VII, dont la densité atteint 1,7, est une glace chaude qui se constitue vers 100 °C. À l'opposé, les dernières en date, les glaces XIII et XIV, créées par l'équipe de Christoph Salzmann et ses collaborateurs d'Oxford, il y a trois ans environ, sont froides car obtenues vers – 160 °C. À des pressions avoisinant cent gigapascals, c'est-à-dire un million de fois la pression atmosphérique standard, la distance entre les molécules d'eau est si petite qu'elles perdent leur individualité. Chaque atome d'hydrogène se partage entre les deux atomes d'oxygène voisins et c'est ainsi que la glace X, par exemple, est de l'oxyde d'hydrogène.

À côté de ces glaces structurées, on rencontre les glaces amorphes haute densité, voire très haute densité. La glace haute densité s'obtient en refroidissant la glace ordinaire à – 200 °C, sous une pression de un gigapascal.

Les recherches sur les variétés de glaces sont fondamentales pour comprendre la nature de la liaison hydrogène. Elles intéressent non seulement les physiciens du solide et les biologistes, mais aussi les astrophysiciens et les exobiologistes. Des formes cristallines de glace haute pression et basse température seraient présentes sur les planètes extérieures et leurs satellites. La glace amorphe, pour sa part, se formerait plutôt dans le milieu interstellaire, froid et dilué, ce qui a dû faciliter l'essor d'une chimie spatiale. Les substances organiques peuvent réagir dans la glace amorphe alors que la glace cristalline les expulse.

L'eau chaude gèle-t-elle plus vite que l'eau froide ?

Dans certaines conditions, oui. C'est l'effet Mpemba, du nom de l'étudiant tanzanien qui remit la question à l'ordre du jour en 1963.

Il y a longtemps déjà que l'on sait que l'eau chaude peut geler plus vite que l'eau froide. Au IVe siècle avant notre ère, Aristote racontait que les pêcheurs de la mer Noire arrosaient leurs cannes avec de l'eau chaude afin de les fixer plus rapidement dans la glace. Plus près de nous, Descartes déplorait que peu de gens fussent capables de conduire correctement les expériences de gel de l'eau, qui menaient ainsi à des résultats contradictoires. Le philosophe Roger Bacon, lui aussi, s'était penché sur la question, sans plus de succès.

En 1963, Erasto Mpemba relance le débat. Il « redécouvre » le phénomène alors qu'il confectionne des crèmes glacées en compagnie de ses camarades. Au lieu d'attendre comme eux que le mélange lacté qu'il a porté à ébullition refroidisse, il le place directement dans le congélateur. Et là, inexplicablement, sa préparation gèle plus vite que celle des autres. Intrigué, Mpemba réitère l'expérience avec du lait, puis de l'eau, et finit par lancer un physicien, Denis Osborne, sur l'affaire. Depuis, l'effet Mpemba a fait couler beaucoup d'encre. Le très sérieux *Journal of Physics* et la revue américaine *New Scientist* ont publié des comptes rendus d'expériences relatives au phénomène, qui est devenu un des sujets de discussion favoris des blogs et forums consacrés à la physique.

À l'heure actuelle, aucune explication satisfaisante et définitive n'a été délivrée car les conditions expérimentales sont difficiles à reproduire. Les résultats s'avèrent souvent contradictoires, trop de facteurs intervenant en même temps.

L'explication la plus plausible fait intervenir la perte de masse engendrée par l'évaporation. L'eau chaude se volatilise plus rapidement et la masse qui reste à refroidir, plus faible, gèle plus vite. D'autant que le processus absorbe de la chaleur. Des expériences réalisées en récipient fermé ont toutefois donné des résultats analogues, montrant que l'évaporation ne serait pas seule à intervenir.

Autre explication avancée : la présence de gaz dissous (dioxyde de carbone, azote…), plus abondants à basse température, qui retarderait la congélation en diminuant la température de solidification. Un mélange gèle plus bas et bout plus haut qu'un corps pur mais, d'un autre côté, la présence d'impuretés empêche le phénomène de surfusion, comme nous l'avons vu à propos des chevaux du lac Ladoga.

Dernière hypothèse : l'eau chaude est moins visqueuse que l'eau froide, ce qui facilite les échanges de chaleur par convection. Les molécules migrent plus rapidement vers la surface et les parois du récipient, ce qui accélère la baisse de température.

On voit que le phénomène est complexe et que la question du gel de l'eau chaude est loin d'être figée !

Le sel empêche-t-il l'eau de geler ?

Le sel est un antigel bon marché. Les chimistes expliquent qu'un mélange que l'on chauffe commence à bouillir à une température plus élevée que ne le ferait chacun des constituants pris séparément. De même, lorsqu'on le refroidit, il commence à geler à une température plus faible. L'abaissement du point de cristallisation de l'eau dépend des quantités respectives de glace et de sel. L'eau de mer, qui renferme en moyenne 35,5 g de sel par litre, gèle vers – 2 °C, mais on peut atteindre – 21 °C avec une solution saturée.

La clé du comportement de l'eau est à rechercher au niveau microscopique. La glace est un ensemble ordonné de molécules d'eau, qui constituent un véritable réseau cristallin. Des liaisons hydrogène rigidifient l'ensemble, entravant l'agitation thermique des molécules. Dans l'eau liquide en revanche, la plupart des molécules sont libres de se mouvoir les unes par rapport aux autres et les liaisons hydrogène sont moins nombreuses. Quand on ajoute du sel, les ions chlorure, chargés négativement, s'entourent de molécules d'eau dont ils attirent les hydrogènes, qui portent une légère charge positive. Les ions sodium, chargés positivement, s'entourent de molécules d'eau, en interagissant cette fois avec les oxygènes, qui ont tendance à se charger négativement. Ce processus s'oppose à la formation de nouvelles liaisons hydrogène et empêche les molécules d'eau de se figer ensemble. Les ions du sel s'interposant entre les molécules d'eau, il faut des températures plus faibles pour obtenir de la glace.

Les cristaux qui se dégagent sont de glace pure. Ce n'est que lorsque la solution est saturée qu'elle se solidifie d'un seul coup. L'examen au microscope révèle alors un enchevêtrement de cristaux de glace et de cristaux de sel.

Le sel fait-il fondre la glace ?

Oui, si la température ne descend pas en dessous de – 21 °C, limite théorique. En hiver, dans nos régions, les températures extérieures sont rarement aussi basses et lorsque l'on jette du sel sur la glace, celle-ci fond. Le sel se dissout dans l'eau et il se forme une saumure. En Alaska, en revanche, il ne servirait pas à grand-chose de saler les routes.

Les mélanges de glace et de sel sont parfois utilisés comme mélanges réfrigérants car leur fusion pompe de la chaleur à l'extérieur. Nos grands-mères utilisaient ce procédé pour fabriquer des crèmes glacées à l'époque ou l'on ne disposait pas de réfrigérateurs. Elles entouraient leur préparation d'un mélange de glace et de sel de cuisine, ce qui leur permettait d'obtenir facilement des températures bien inférieures à 0 °C. Deux parties en masse de glace pilée ou de neige avec une partie de sel marin et le thermomètre descendait à près de – 20 °C !

Au niveau microscopique, les ions chlorure et les ions sodium apportés par le sel attirent les molécules d'eau présentes dans la glace, pour lesquelles ils ont une grande affinité. Le réseau cristallin se disloque. L'énergie nécessaire à la fusion de la glace a été empruntée à l'environnement (préparation culinaire, atmosphère, route…), au prix d'une diminution de l'agitation thermique des molécules avoisinantes.

Pourquoi les cristaux de neige sont-ils si variés ?

L'image du cristal de neige en étoile ne reflète que rarement la réalité. Dès la première moitié du vingtième siècle, les travaux du physicien japonais Ukichiro Nakaya ont permis de répartir les cristaux en quatre-vingts grandes catégories, en fonction de leur structure. De nos jours, les nivologues nippons en recensent plus de trois mille. Aiguilles, étoiles, plaquettes, dendrites, colonnes à capuchon, prismes, la diversité des formes des cristaux a de quoi surprendre. Elle résulte de processus subtils dont les mécanismes exacts demeurent encore mystérieux par certains aspects.

Les cristaux de glace apparaissent et grossissent dans les nuages, lorsque la vapeur d'eau se condense en court-circuitant l'état liquide. Leur morphologie dépend du degré d'humidité de l'air et de la température, qui conditionnent leur rythme de croissance. Dès 1930 Nakaya constate que les cristaux prismatiques simples se forment lorsque l'humidité est faible et la croissance lente, alors que

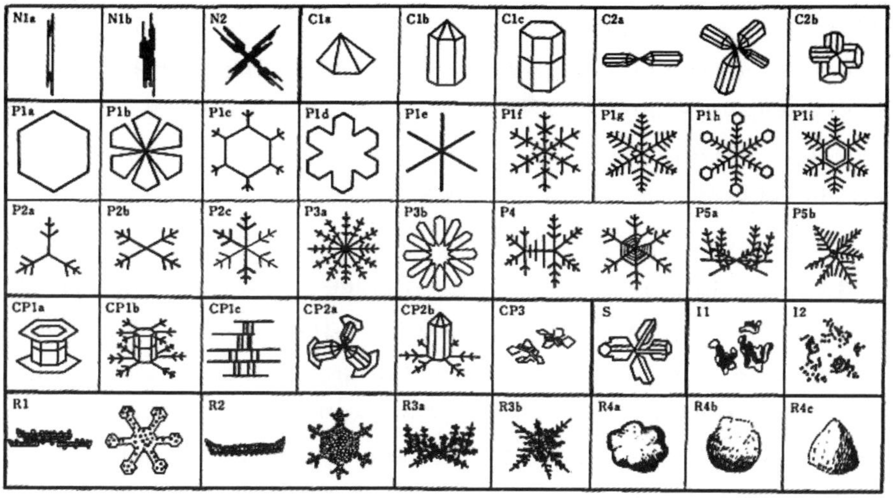

Classification des cristaux de neige selon Nakaya

les structures plus complexes naissent d'une forte humidité et d'une croissance rapide, les agencements les plus photogéniques apparaissant autour de – 15 °C. Des travaux ultérieurs montreront aussi que les petits cristaux tendent à avoir des formes plus simples que les grands. Par ailleurs, les champs électriques stimulent leur croissance car ils attirent fortement les molécules d'eau, qui sont polaires. Les chercheurs qui étudient actuellement les cristaux, aux fins de mieux comprendre les transformations qui mènent aux avalanches, les font pousser à l'extrémité de fines aiguilles de glace créées sur des fils électrifiés.

Au niveau microscopique, la glace présente un réseau cristallin de type hexagonal, lié à la géométrie coudée des molécules d'eau et à leurs interactions. Cette symétrie hexagonale se retrouve dans la majorité des cristaux. Mais, selon la température et l'humidité, certains présentent des facettes et d'autres des ramifications.

Un cristal qui grossit lentement développe des facettes car certaines surfaces cristallines accumulent l'eau plus rapidement que d'autres. Les molécules s'attachent plus particulièrement aux surfaces arrondies, rugueuses à l'échelle microscopique, car les liaisons intramoléculaires sont plus accessibles. Au bout d'un certain temps, seules subsistent les surfaces planes. Quand ce processus régit la croissance du cristal, celui-ci présente six faces latérales, ou facettes prismatiques, couronnées en haut et en bas de deux facettes basales. Telle est la forme de base des cristaux de petite taille ou à croissance lente. Dans certaines conditions, les molécules d'eau se fixent plus facilement sur les faces latérales et l'on obtient de minces plaquettes de glace. Dans d'autres circonstances, elles s'attachent préférentiellement aux surfaces basales, produisant alors des colonnes en forme de minuscules crayons.

Quand le cristal grandit plus vite, il a tendance à se ramifier. Sous l'effet de l'instabilité dite de Mullins-Sekerka, les molécules d'eau diffusent et les différentes parties du cristal entrent en concurrence pour se les approprier. Si certains endroits du cristal sont plus saillants, par exemple les six arêtes du cristal prismatique de base, les molécules d'eau vont s'y fixer. Ces régions croîtront un peu plus vite et les excroissances tendront à se développer. Des branches latérales pourront germer sur des bosses aléatoires ou des pointes de facettes des bras principaux.

En laboratoire, le contrôle de la température et de l'humidité permet d'alterner les périodes de croissance en branches et en plaquettes, de manière à sculpter des cristaux de neige ayant la forme souhaitée. Au sein des nuages, en revanche, les cristaux en croissance sont ballottés et soumis à d'incessantes fluctuations de température et d'humidité, qui affectent leur développement. Des variations même modestes entraînent des changements importants du mode de croissance. Par ailleurs, compte tenu de la turbulence atmosphérique, deux cristaux n'auront jamais exactement la même trajectoire et ne se trouveront jamais dans des conditions identiques. Il est donc fort peu probable qu'ils soient identiques.

Les calculs ont montré qu'il était pratiquement impossible de trouver deux cristaux identiques. Un fermier du Vermont, Wilson A. Bentley, auteur d'un recueil intitulé *Snow crystals* (cristaux de neige), publié en 1931, a passé plus de quarante ans de sa vie à photographier des cristaux de neige au microscope, sans jamais parvenir à déceler des jumeaux parfaits.

Une question peut en cacher une autre

Pourquoi les six branches d'un même cristal sont-elles identiques ?

Les bras d'un même cristal se déplacent de façon solidaire et subissent donc simultanément les mêmes changements de conditions atmosphériques. C'est la raison pour laquelle ils sont identiques.

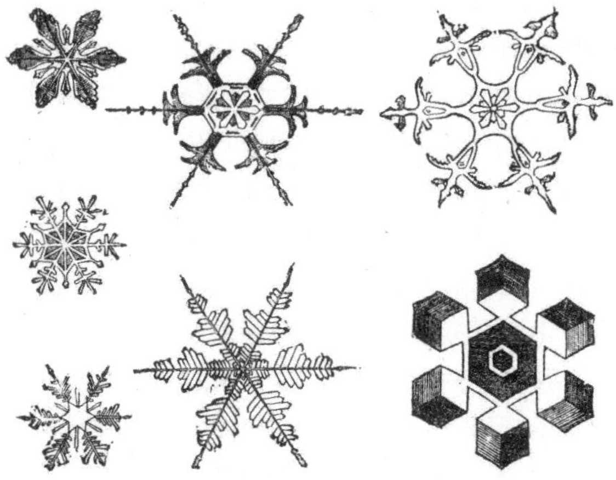

Fig. 76. — Cristaux de neige ou de glace.

Cristaux à six branches

Comment la neige se transforme-t-elle ?

La neige naturelle évolue et se transforme. Les métamorphoses du manteau neigeux sont tributaires des conditions météorologiques.

Dans le cas d'une atmosphère très humide, les cristaux de glace croissent rapidement et englobent dans leur chute des gouttelettes d'eau surfondues, donnant du grésil qui roule sur le sol. Mais, la plupart du temps, les cristaux qui tombent du ciel ont connu une longue maturation et les étoiles de glace s'enchevêtrent en flocons qui peuvent s'accrocher sur des pentes très raides, jusqu'à 85 degrés. Cette cohésion, dite de feutrage, est de courte durée. Elle disparaît dès le début de la métamorphose, pouvant donner lieu à des avalanches de poudreuse, la résistance à la traction de la neige étant de dix à vingt fois inférieure à sa résistance à la pression.

Vers zéro degré la neige fraîche est composée de glace et d'air, plus ou moins saturé en vapeur d'eau. La recherche d'équilibre entre ces deux états, solide et vapeur, entraîne des transferts de matière d'une phase à l'autre. Il y a sublimation des parties convexes et les pointes des cristaux s'émoussent, alors que la condensation remplit les parties en creux. La neige se tasse, l'ensemble évoluant vers une structure en grains sphériques. Parfois apparaissent entre les grains des ponts de glace qui les lient et confèrent à la neige une cohésion dite de frittage. Celle-ci permet la fabrication de boules de neige ou de blocs à igloo. Généralement, la température varie peu dans l'épaisseur du manteau car la neige est un bon isolant thermique. Cependant, lorsque des périodes de grand froid perdurent, des écarts de température importants peuvent se manifester entre la base et la surface de la couche neigeuse. Les échanges de matière entre phase solide et vapeur ne s'effectuent plus de manière omnidirectionnelle et l'on voit apparaître des bâtonnets, des prismes, puis des pyramides creuses à facettes striées : les gobelets ou givre de profondeur. Ce phénomène, le métamorphisme de gradient, affecte préférentiellement les étendues situées au nord, les zones arbustives, en forêts où à la limite de celles-ci, au niveau des massifs de myrtilles ou de rhododendrons, par exemple. Souvent méconnu, il constitue avec les plaques à vent un des grands dangers du ski hors piste, le givre de profondeur agissant comme un roulement à billes.

À l'approche du printemps, la température externe s'élève et la neige atteint son point de fusion. L'eau liquide apparaît et percole au travers des couches, remplissant tous les interstices. Les cristaux s'entourent alors d'un film d'eau liquide. C'est la cohésion capillaire, tributaire du cycle gel-dégel nocturne et diurne. Elle est solide si le regel nocturne soude les grains entre eux, fragile si la neige s'imbibe de plus en plus d'eau de fonte. Dans ce cas, la présence de liquide favorise l'absorption de la chaleur et la quantité d'eau augmente encore. Généralement, sur les versants orientés au sud, la neige de printemps est dure et glacée le matin et « pourrie » en fin d'après-midi, ce qui peut entraîner des avalanches de neige mouillée.

Quoi qu'il en soit, l'action du vent reste prépondérante. Il broie les cristaux, les roule, les agglomère, formant des accumulations, congères ou plaques à vent. En quelques heures, il entame une métamorphose destructive qui, sans son concours, aurait demandé des jours entiers. Quant au damage, il s'apparente au frittage des poudres bien connu en métallurgie et durcit la neige des pistes.

Qu'est-ce que l'eau supercritique ?

Au-delà d'une température de 374 °C et d'une pression de 220 bars, valeurs qui définissent son point critique, l'eau combine les propriétés des gaz et des liquides[1]. Elle se comporte comme une espèce de vapeur très dense qui allie une compressibilité importante et une masse volumique élevée, une tension superficielle inexistante et une viscosité très faible. Les liaisons hydrogène subsistent mais ne forment plus un vaste réseau comme dans le liquide habituel.

L'eau supercritique est un milieu très réactif, dans lequel les matières combustibles et l'oxygène entrent en contact intime. Elle dissout merveilleusement bien les composés organiques (plastiques, caoutchouc, hydrocarbures divers) et l'oxygène (ce qui n'est pas le cas de l'eau dans les conditions habituelles), tandis que les composés inorganiques précipitent. Actuellement, la destruction des solvants organiques hautement toxiques comme les PCB (polychlorures de benzène), les effluents de papeterie, les boues d'épandage reste délicate, leur incinération produisant des fumées nocives. Des recherches sont en cours pour les détruire par l'eau supercritique en réalisant une conversion hydrothermale, c'est-à-dire une combustion à froid. L'oxydation complète des déchets ne produirait plus d'effluents toxiques mais uniquement de l'eau, du dioxyde de carbone et des gaz inertes.

L'eau supercritique casse facilement les liaisons des molécules organiques lourdes en produisant des molécules plus légères. Une firme japonaise étudie un prototype utilisant l'eau supercritique à 460 °C et 250 bars pour fabriquer du gazole et de l'essence à partir d'asphalte, composé organique lourd. Les molécules plus légères ainsi obtenues se séparent de l'eau après retour aux conditions normales.

1. La liquéfaction ne peut s'observer que pour des températures inférieures à la température critique. L'équilibre d'un liquide et de sa vapeur est alors possible sous une pression qui est sa tension de vapeur saturante.

L'air du Sahara peut-il contenir plus d'eau que celui de l'Antarctique ?

Oui, car la notion d'air sec est liée à l'humidité relative et la quantité de vapeur d'eau que peut contenir l'air dépend de la température.

En 1751, le physicien français Charles Le Roy réalise à cet égard une expérience significative. Il enferme de l'air humide dans un bocal scellé et l'observe pendant son refroidissement. À une certaine température, des gouttes d'eau se forment sur la paroi, qui disparaissent quand on les réchauffe. Le même phénomène se produit lorsque de la vapeur d'eau a réussi à pénétrer dans un double vitrage.

L'humidité de l'air n'est pas une quantité absolue qui peut être décrite correctement par la masse d'eau contenue dans l'air : une éponge absorbe plus d'eau, sans se détremper, qu'un linge fin. La mesure exacte de l'humidité de l'air doit être relative et comparer la quantité de vapeur d'eau présente à la quantité maximale que l'air peut contenir. À une température donnée, l'humidité relative ou degré hydrométrique (exprimés en pourcentage) se définit comme le rapport de la pression partielle de l'eau à la pression de vapeur saturante.

Plus l'air est chaud, plus il peut absorber de vapeur d'eau, et plus il lui en faut pour créer la même humidité relative. Quand l'air se refroidit, son humidité relative augmente et l'on s'approche de la saturation. L'air chaud d'un jour d'été peut donc contenir plus de vapeur d'eau, tout en paraissant moins humide, que le même air, un jour d'hiver. Pour la même raison, l'air sec du Sahara peut contenir plus de vapeur d'eau que l'air glacé de l'Antarctique.

Masse d'eau maximale contenue dans l'air

Température (°C)	Masse d'eau (g/m^3)
-20	1,1
-10	2,4
0	4,9
10	9,4
20	17,4
30	30,4
40	51,3

Une question peut en cacher une autre

Qu'appelle-t-on point de rosée ?

Toute masse d'air possède une température spécifique pour laquelle elle est saturée en vapeur d'eau. Quand la température extérieure atteint cette valeur fatidique, ou point de rosée, l'eau se condense et il pleut. Le point de rosée figure sur les bulletins météorologiques.

D'où viennent les traînées des avions ?

Essentiellement de la condensation de la vapeur d'eau émise lors de la combustion du kérosène dans l'oxygène de l'air. À la sortie des réacteurs, la température de l'eau atteint plusieurs centaines de degrés alors que celle de l'air ambiant, à dix kilomètres d'altitude, en atmosphère standard, ne dépasse pas – 50 °C. À moins que l'air ne soit très sec, l'eau des réacteurs se transforme en gouttelettes liquides et en cristaux de glace, qui apparaissent sur les impuretés microscopiques rejetées par la combustion et restées en suspension dans l'air. Toutes les longueurs d'onde étant rediffusées, les traînées apparaissent blanches.

Traînées de condensation à l'arrière d'un quadriréacteur

Si l'air est très sec, les cristaux se subliment rapidement et la traînée est courte. Dans une ambiance plus humide, annonciatrice de mauvais temps, la traînée disparaît moins vite. Les traînées de condensation se forment légèrement en arrière des réacteurs car la vapeur d'eau ne se refroidit pas instantanément.

Depuis quand l'eau bout-elle à 100 °C ?

L'ébullition de l'eau et la fusion de la glace sont deux phénomènes commodément et communément observables, d'où leur utilisation en tant que repères thermométriques.

Au début du XVIIIe siècle, deux thermomètres occupaient le devant de la scène. Le thermomètre à alcool de Réaumur (1683-1757), destiné à mesurer la température de l'air, attribuait la graduation zéro à la glace fondante et quatre-vingts à l'eau bouillante, réalisant ainsi un intervalle facilement divisible de deux en deux. Le thermomètre à mercure de l'Allemand Fahrenheit (1686-1736) indiquait trente-deux quand l'eau se solidifiait et deux cent douze quand elle passait à l'état de vapeur. Selon la légende, le zéro de cette échelle correspondait à la température la plus basse observée dans la ville de Dantzig durant l'hiver 1709. Plus vraisemblablement, il représentait la température minimale réalisable à l'époque à l'aide d'un mélange de sel et de glace. Quant à la graduation cent, elle indiquait la température du corps humain.

Vers 1742, l'astronome et météorologue Anders Celsius (1701-1744), professeur à l'université suédoise d'Uppsala, proposa une échelle centésimale dont le zéro était le point d'ébullition de l'eau (au niveau de la mer) et la graduation cent son point de congélation. Pourquoi ce thermomètre à l'envers ? Parce que dans les pays nordiques la notion de froid était pour le moins aussi importante que le concept de chaleur. Et que le thermomètre de Celsius réglait du même coup le problème des très basses températures, le recours aux nombres négatifs n'étant pas encore ancré dans les habitudes.

Par la suite, le successeur de Celsius et les concepteurs de thermomètres de Stockholm remirent l'échelle à l'endroit. En France, malgré le soutien du botaniste Linné, d'origine suédoise lui aussi (il tenta d'ailleurs de s'approprier la paternité de l'invention), la graduation Celsius redressée (*Celsius Novum*) n'eut gain de cause face à celle de Réaumur que sous la Révolution, quand les Conventionnels décrétèrent l'adoption d'un système métrique décimal.

De nos jours, les métrologues ont renoncé aux repères de l'eau bouillante et de la glace fondante, parce que trop tributaires de la pression atmosphérique, le premier surtout. Les laboratoires utilisent le point triple de l'eau, pour lequel liquide, vapeur et solide coexistent et dont la température est de 0,01 °C, réalisable avec une précision de 0,15 millième contre deux millièmes pour la fusion de la glace. La température du zéro absolu, la plus basse que l'on puisse théoriquement atteindre et qui correspondrait à l'immobilité parfaite des atomes, a été fixée à – 273,15 °C lors de la dixième Conférence générale des poids et mesures de 1954.

Pourquoi l'eau qui bout fait-elle du bruit ?

Quand on chauffe l'eau, il s'établit un gradient de température au sein de la casserole ou de la bouilloire : la partie inférieure atteint la température d'ébullition en premier. Après une phase de dégazage au cours de laquelle de petites bulles constituées des gaz dissous (oxygène et azote) viennent crever la surface, des bulles de vapeur se forment sur les hétérogénéités du fond. Elles finissent par se détacher et montent. En se refroidissant, elles ne parviennent plus à maintenir une pression suffisante et implosent, ce qui crée un crépitement caractéristique. Peu à peu, le reste du récipient atteint une température suffisante pour que de grosses bulles se forment et subsistent un peu partout. Le bruit se calme jusqu'à ce qu'elles parviennent en bloc à la surface, où elles crèvent. C'est l'ébullition généralisée, un phénomène violent qui se traduit par un bruit plus mat que le précédent, vu la taille des bulles. Tout instrument de musique, en effet, rend un son d'autant plus grave qu'il est gros.

L'eau peut-elle bouillir à la température ordinaire ?

Oui, à condition de diminuer très fortement la pression. Pour passer à l'état de vapeur, l'eau doit chasser l'air qui la surmonte. Les molécules d'air, en mouvement incessant, bombardent la surface du liquide, ce qui crée la pression. Si les molécules d'eau n'ont pas une énergie cinétique suffisante, elles restent dans le liquide. Ordinairement, on fait chauffer l'eau pour augmenter l'agitation moléculaire et permettre aux molécules de s'évader. Mais on peut aussi pomper l'air au-dessus du récipient, de manière à diminuer les forces de pression exercées sur le liquide.

L'influence de la pression sur la température d'ébullition est connue depuis longtemps. Les alpinistes savent bien que l'eau bout en dessous de 100 °C en altitude, d'où la lenteur de cuisson des œufs ou des pâtes en haute montagne. Vers 1 500 mètres d'altitude, la température d'ébullition de l'eau passe à 95 °C. Elle vaut 85 °C en haut du Mont Blanc et 72 °C au sommet de l'Everest. Grossièrement, on enregistre une diminution de 1 °C quand on s'élève de 320 mètres. Pour faire bouillir de l'eau à 20 °C, il faudrait opérer à plus de 25 km d'altitude, en atmosphère standard. Il est plus simple de faire chuter la pression en plaçant le récipient dans une enceinte reliée à une pompe à vide.

Une question peut en cacher une autre

Quelle est la différence entre ébullition et évaporation ?

L'ébullition est un phénomène de masse, rapide et violent, survenant à température déterminée, sous une pression donnée. Les turbulences qui naissent brusquement dans le liquide à l'approche de la température fatidique se traduisent par la formation de bulles, toutes les molécules d'eau tendant à quitter le liquide en bloc.

L'évaporation est un phénomène de surface, lent et progressif, qui se produit à n'importe quelle température et quelle que soit la pression. La grande majorité des molécules d'eau n'ont pas l'énergie nécessaire pour s'évader du liquide mais certaines d'entre elles, au hasard des chocs avec leurs congénères, acquièrent une énergie suffisante pour vaincre les forces de pression exercées par l'air. L'évaporation est d'autant plus aisée que l'air est sec. Le linge ne sèche pas lorsque l'air est saturé en vapeur d'eau.

L'eau salée chauffe-t-elle plus vite que l'eau douce ?

Comme pour l'effet Mpemba, plusieurs facteurs entrent en compte et les expériences sont difficilement reproductibles à l'identique.

L'ajout de sel, comme d'ailleurs d'autres substances solubles, augmente la température à laquelle l'eau commence à bouillir. Une fois dans l'eau, les ions chlorure et sodium s'entourent de molécules d'eau dont ils entravent le mouvement, les empêchant de quitter le liquide. L'augmentation de la température d'ébullition, qui croît avec la concentration, reste toutefois minime (4 °C en ajoutant 140 g de sel par litre d'eau, 1,5 °C avec 70 g, ce qui représente déjà une eau très salée). L'eau de mer, avec ses 3,5 % de sel, bout généralement à partir de 100,6 °C.

À masse égale, la capacité calorifique de l'eau salée, c'est-à-dire la chaleur à fournir pour élever sa température d'un degré, est plus faible que pour l'eau pure. Pour élever la température d'un kilogramme d'eau de un degré, il faut fournir 4,18 kilojoules (une kilocalorie). Dans le cas d'un kilogramme de saumure, c'est-à-dire d'une solution contenant 20 % de sel, 3,51 kilojoules suffisent. En fournissant la même quantité d'énergie, l'élévation de température serait plus forte dans le cas de l'eau salée que dans celui de l'eau douce. En revanche, si l'on ne raisonne pas à masse égale, mais si l'on considère un kilogramme d'eau auquel on a ajouté une certaine quantité de sel, il faut fournir plus d'énergie car il faut chauffer et l'eau et le sel.

Le phénomène d'évaporation vient compliquer les choses. Difficile à quantifier, il dépend de la quantité d'eau à chauffer, de la forme du récipient qui la contient, qui lui-même peut être ouvert ou fermé… La présence de sel aurait tendance à réduire l'évaporation laissant plus de chaleur disponible pour augmenter la température de l'eau. En revanche, si l'eau douce s'évapore plus facilement, la quantité de liquide restant à chauffer est moindre, ce qui contribue également à favoriser une hausse de température.

Parfois aussi, on observe un retard à l'ébullition : l'eau pure ne bout pas lorsque l'on atteint 100 °C, même à la pression atmosphérique normale. Cet état métastable cesse si l'on introduit un germe d'ébullition, par exemple un cristal de sel. C'est la raison pour laquelle une casserole d'eau très chaude se met à bouillir lorsqu'on ajoute une pincée de sel.

Une question peut en cacher une autre

L'eau salée bout-elle à température constante ?

Non, contrairement à l'eau pure qui, à pression donnée, garde la même température de l'apparition de la première bulle de vapeur à la disparition de la dernière goutte de liquide.

L'eau salée, nous l'avons vu, commence à bouillir à une température supérieure à celle de l'eau douce, le sel entravant le départ des molécules. Quand l'ébullition démarre, l'eau qui s'échappe est pure. Par conséquent la concentration de la solution augmente, ce qui accroît l'effet du sel. La température augmente progressivement, jusqu'à ce qu'il ne reste plus que du sel dans le récipient.

Pourquoi les gouttes d'eau dansent-elles sur une plaque chaude ?

De l'eau projetée brutalement sur une surface métallique très chaude se fractionne en gouttes sphériques qui s'agitent dans tous les sens au lieu de se volatiliser immédiatement. Il s'agit du phénomène de caléfaction, d'un mot latin qui signifie chauffer. C'est à ce même phénomène que les saltimbanques doivent de pouvoir marcher sur des fers portés au rouge.

Quand l'eau entre en contact avec le métal ou l'acier, elle se vaporise partiellement, ce qui crée une mince pellicule de gaz qui s'intercale entre la goutte et la plaque et l'isole thermiquement du support, réduisant l'évaporation. L'épaisseur de la couche, de l'ordre du dixième de millimètre, résulte d'un compromis entre deux phénomènes antagonistes : la goutte nourrit le film de vapeur en s'évaporant et, dans le même temps, son poids appuie sur elle pour le chasser.

Les très grosses gouttes aux formes irrégulières se fractionnent et les gouttes moyennes prennent la forme de pastilles aplaties. Les petites gouttes forment des perles car leur poids n'est plus suffisant pour contrecarrer les forces de tension superficielle, qui tendent à les ramasser sur elles-mêmes. Elles se mettent à rouler comme des billes.

Une question peut en cacher une autre

Quelle est la durée de vie des gouttes ?

Le physiologiste allemand Johann Gottlob Leidenfrost (1715-1794), auteur d'un remarquable traité sur les propriétés de l'eau (*De Aquae Communis Nonnullis Qualitatibus Tractatus*), publié en 1756 mais traduit du latin plus de deux siècles après, a établi une relation entre la durée de vie des gouttelettes et la température de la plaque. C'est vers 220 °C, à la température dite de Leidenfrost, qu'une goutte calibrée survit le plus longtemps, un peu plus d'une minute (*72s*). Propriété fort utile dès lorsqu'il s'agit de tester la température d'une poêle à crêpes : quand les gouttes d'eau commencent à courir à la surface de l'ustensile, le moment est venu de saisir la pâte.

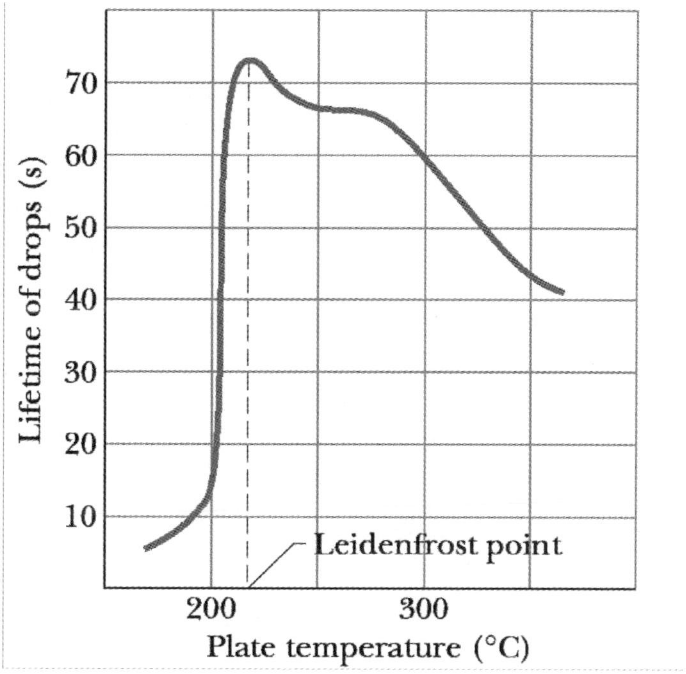

Durée de vie d'une goutte

D'où vient l'expression : « de l'eau dans le gaz » ?

Lorsque l'eau s'insinuait dans les trous des brûleurs des anciennes gazinières, la flamme changeait de couleur et manquait de s'éteindre. Dans le même temps, le bruit provoqué par la vaporisation de l'eau rappelait celui qui précédait une explosion. De là, cette explosion a pu être assimilée à des paroles fortes et donc à des disputes.

Rideau d'eau

Chapitre II

UN LIQUIDE PAS COMME LES AUTRES

L'eau, telle une peau que nul ne peut blesser.

Paul Éluard

Pourquoi des cheveux mouillés collent-ils ensemble ?

C'est une question de forces de tension superficielle. Au sein de l'eau liquide, chaque molécule d'eau est entourée par des molécules identiques et subit de ce fait des attractions électrostatiques symétriques, ce qui réduit son énergie potentielle. Une molécule située à la surface du liquide, au contraire, est dans un état énergétique défavorable, car privée de la moitié de ses interactions de cohésion.

Le résultat est que les molécules vont tendre à se disposer de manière à réduire la surface libre du liquide, autant que faire se peut. Les forces mises en jeu pour ajuster la forme du liquide, et donc minimiser l'énergie surfacique, sont appelées forces de tension superficielle. Pour se convaincre que créer de la surface demande de l'énergie, il suffit de battre des œufs en neige : l'opération exige un travail mécanique.

Une chevelure sèche a du volume car elle emprisonne de l'air. Lorsque les cheveux sont mouillés, l'eau cherche à réduire son interface avec l'air. C'est la raison pour laquelle les cheveux se plaquent les uns contre les autres. Pour la même raison, les poils d'un pinceau mouillé se maintiennent tous ensemble, alors qu'une fois secs ils peuvent être écartés les uns des autres sans le moindre problème.

Une question peut en cacher une autre

Pourquoi les petites gouttes adoptent-elles une forme sphérique ?

Pour réduire leur surface de contact avec l'air, les gouttes cherchent à prendre une forme sphérique. Elles n'y parviennent que si leur poids est négligeable devant les forces de tension superficielle, c'est-à-dire si elles sont suffisamment petites (ou si elles se trouvent en apesanteur).

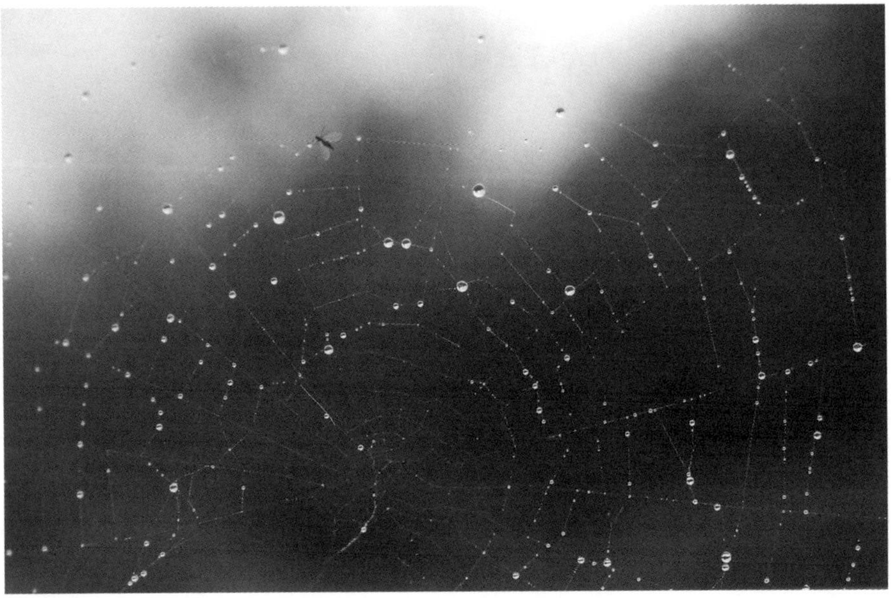

Gouttes d'eau sur une toile d'araignée

Pourquoi un filet d'eau a-t-il tendance à se rompre ?

Quand on ouvre un robinet, la veine liquide au sortir de l'orifice est calme et transparente, d'abord conique, puis cylindrique. Le plus souvent, le liquide se précipite vers l'ouverture de manière oblique et non verticale, les lignes de courant s'infléchissant. La longueur de la partie limpide est sensiblement proportionnelle au diamètre de l'orifice et à la vitesse de sortie de l'eau.

Au-delà, la veine se trouble. Des renflements commencent à se dessiner, dont le profil s'accentue peu à peu et qui finissent par donner lieu à des étranglements complets et à des masses isolées. Le filet d'eau a tendance à se fragmenter. Pour s'en convaincre, il suffit de placer la main assez bas sous le jet. On sent alors nettement l'impact des gouttes successives. Observé au ralenti, sous éclairage spécial, le jet laisse apparaître une succession de grosses gouttes, séparées les unes des autres par des gouttes plus petites ou satellites (un phénomène analogue explique d'ailleurs la limite de résolution des imprimantes à jet d'encre). Les satellites sont eux-mêmes séparés par des gouttes encore plus petites, difficiles à discerner. Les gouttes se succèdent aux mêmes points à intervalles égaux et se détachent périodiquement de la partie continue de la veine.

Surface ondoyante d'un filet d'eau

L'explication du phénomène repose sur l'instabilité d'un cylindre liquide très allongé, dite instabilité de Plateau-Rayleigh. La tension superficielle du liquide a tendance à créer des gouttes sphériques pour abaisser son énergie de surface, la surface ondoyante étant moindre que celle du cylindre. Si un étranglement commence à se produire sur une section du cylindre, la déformation s'exagère et il se fait une séparation suivant cette section. Chaque portion de liquide tend à obéir aux forces superficielles dès qu'elle dépasse la section contractée. Mais cette striction demande un certain temps pour se produire. Elle ne sera définitive et la veine ne sera vraiment discontinue qu'à une distance de l'orifice proportionnelle à la vitesse de sortie du jet et au diamètre de l'ouverture.

La veine, par ailleurs, fait entendre un son, qui résulte du choc périodique des masses isolées contre le corps sur lequel elles tombent, qui peut vibrer à l'unisson. Comme chaque masse isolée résulte du sectionnement complet là où se trouvent deux étranglements consécutifs, le nombre de masses qui se forment par seconde et tombent sur la membrane augmente avec la vitesse et le diamètre. La hauteur du son suit les mêmes lois. Un filet d'eau de vitesse élevée tombant d'un robinet de fort diamètre créera un son plus aigu.

Pourquoi l'eau mouille-t-elle ?

Indépendamment de la gravité, les gouttes d'eau s'étalent sur le verre, le métal, le bois, le papier…

À l'origine du phénomène : des interactions électrostatiques, appelées forces de Van der Waals, qui s'exercent entre les molécules d'eau et celles du substrat. En attirant l'eau, un substrat hydrophile minimise son énergie de surface.

Dans *Tintin sur la Lune*, le whisky du capitaine Haddock ne risquait pas de quitter son verre et de se mettre en boule. Les forces de tension superficielle exercées par le verre auraient bien plutôt provoqué la formation d'un ménisque géant, le verre ayant tendance à retenir le whisky, constitué majoritairement d'eau ! Sur Terre, où la pesanteur rappelle le liquide vers le bas, la courbure de la surface libre est visible uniquement sur les bords du récipient.

Une question peut en cacher une autre

Y a-t-il des liquides plus mouillants que l'eau ?

L'hélium, par exemple, s'étale sur tout. Le pétrole, aussi, adhère à presque tous les corps. Renversé, même en faibles quantités, il fait tache, pénétrant dans toutes les fentes, imprégnant les habits. Voilà pourquoi il est si difficile de se défaire de son odeur désagréable !

Pour quelle raison les feuilles de lotus gardent-elles leur éclat ?

Les gouttes d'eau n'adhèrent pas aux feuilles de lotus, mais roulent en emportant toutes les poussières, ce qui permet à la plante de garder son aspect immaculé. L'effet lotus est un effet fakir : à l'échelle microscopique, la surface des feuilles est rugueuse, constituée de minuscules pointes. Cette structure en picots fait que les gouttes ne peuvent reposer que sur les sommets des plots, ce qui empêche l'eau de s'étaler et repousse les gouttelettes.

La nature est un vaste répertoire de surfaces hydrophobes. L'effet lotus concerne plus de deux cents plantes (tulipes, droséras, gingkos, nénufars, feuilles de blé…) et des insectes comme les papillons. De par leur texture, les gouttes d'eau restent sphériques à leur contact et forment des perles.

Des chercheurs se sont inspirés de ce phénomène naturel pour fabriquer en laboratoire des matériaux super-hydrophobes et donc des surfaces non salissantes. La texture de ces matériaux consiste par exemple en un réseau de plots régulièrement organisés à l'échelle du micromètre, sur une surface constituée de cire, substance naturellement hydrophobe. L'eau ne peut remplir les intervalles de la structure et repose principalement sur de l'air, comme dans un nuage. Sur ces matériaux, la pluie rebondit comme un petit ballon. Les gouttes se déforment à l'impact, ce qui leur permet de stocker l'énergie à la manière de ressorts. Elles se recomposent ensuite en libérant cette énergie, laissant derrière elles une surface sèche.

Parmi les applications : pare-brises antipluie, lunettes antibuée et revêtements antigivre, conception de tissus imperméables ou perlants, bétons hydrofugés, revêtements de baignoires ou de cuisines. Une équipe japonaise vient même de fabriquer une substance qui, étalée en couche mince, produit un effet lotus réversible. Quand on éclaire cette substance en lumière ultraviolette, sa surface se couvre de petits picots d'un micromètre de diamètre et devient hydrophobe. Si on l'éclaire à nouveau, mais cette fois-ci en lumière visible, la surface bleue et rugueuse devient transparente et lisse et peut de nouveau être mouillée. À l'origine de cet effet, des molécules photosensibles qui changent de forme sous l'effet de la lumière.

Pourquoi l'eau monte–t-elle dans un buvard ?

Pour la même raison qu'elle s'élève dans un tube de verre de très faible diamètre, sous l'effet de forces de tension superficielle, violant ainsi le principe des vases communicants.

Quand l'eau entre au contact du verre, il y a compétition entre les forces intermoléculaires eau-eau, qui ont tendance à ramasser le liquide sur lui-même, et les forces verre-eau qui attirent le liquide vers les parois. Ce sont ces dernières qui l'emportent et qui font remonter l'eau dans le tube (avec le mercure, on observerait l'inverse), tant que le diamètre de celui-ci n'excède pas quelques millimètres. Au-delà, l'eau retombe sous l'effet de son poids. Alors que la hauteur atteinte est de 15 centimètres dans un tube d'un centième de millimètre, elle n'est plus que de 1,5 millimètre avec un tube d'un millimètre de diamètre. La hauteur d'eau décroît en raison inverse du diamètre, conformément à la loi de Jurin.

Dans le cas du buvard, une trame assez lâche de longues fibres de cellulose conduit l'eau. Le phénomène de capillarité (d'un mot latin qui signifie cheveu, par allusion à l'extrême finesse des structures impliquées) est également responsable de l'absorption de l'eau par les étoffes fines et poreuses, les éponges, les murs…

En géologie, l'eau capillaire est l'eau retenue dans les pores des sédiments après écoulement total de l'eau dite de gravité. Contenue dans des pores de quelques micromètres de diamètre, parfois moins selon la texture des sols, elle correspond à l'eau disponible pour les végétaux.

Pourquoi a-t-on froid en sortant de l'eau ?

L'eau conduisant mieux la chaleur que l'air, l'évacue plus rapidement. De l'eau à 15 °C nous paraît glacée alors que nous supportons très bien l'air à la même température.

Quant à la sensation de froid éprouvée en sortant de l'eau, elle est due au phénomène d'évaporation qui consomme de l'énergie, extraite aux dépens du corps humain. La présence de vent accentue le phénomène en empêchant la saturation locale de l'air. L'effet ressenti s'apparente à ce qui se passe lorsque l'on verse de l'éther sur la peau. En moins net, car l'eau est tout de même moins volatile que l'éther, qui bout à 36 °C dans les conditions normales.

Un vêtement mouillé ne protège pas davantage du froid. Le tissu empêche normalement le corps de perdre sa chaleur, mais ce n'est pas tant la fibre textile qui isole du froid que l'air prisonnier dans les fibres. Un vêtement trempé laisse passer la chaleur sans résistance car l'eau a remplacé l'air.

Pourquoi peut-on s'électrocuter dans sa salle de bains ?

Le corps humain est sensible à l'intensité du courant qui le parcourt. Quelques dixièmes de milliampères (moins que le courant d'une lampe de poche) et des picotements se manifestent ! Selon le trajet du courant, l'asphyxie par tétanisation des muscles respiratoires peut survenir dès une vingtaine de milliampères et l'arrêt cardiaque autour d'une cinquantaine de milliampères, sans parler des effets de brûlures.

L'intensité du courant dépend du voltage, c'est-à-dire de la tension électrique fournie par l'installation, mais aussi de la résistance électrique du sujet. Plus la résistance est faible, plus le corps humain est conducteur, et plus l'intensité est élevée. Les nerfs, les vaisseaux sanguins et les muscles conduisent assez bien le courant, contrairement à la graisse, aux tendons et à la peau, lorsqu'elle est sèche. Dès lors qu'elle est mouillée, ce qui arrive fréquemment dans une salle de bains, la peau perd tout caractère isolant et la résistance du corps chute dangereusement.

L'eau, même pure, conduit le courant car elle n'est pas uniquement constituée de molécules, mais aussi d'espèces chargées : les ions oxonium et hydroxyde, créés suite aux chocs microscopiques qui traduisent l'agitation thermique au sein du liquide. Aux températures usuelles, une molécule environ sur un milliard est ionisée, ce qui suffit à assurer le passage d'un courant électrique. En outre, la plupart du temps, l'eau contient des ions supplémentaires, apportés par les sels minéraux ou produits par la dissolution du gaz carbonique présent dans l'air. Le risque, qui apparaît dès 20 volts, devient manifeste pour une installation délivrant 220 volts. La personne qui touche un appareil électrique mal isolé, ou deux fils dénudés, peut s'électrocuter. De même si elle touche le fil de phase, y compris lorsque la lampe qu'il alimente est éteinte.

Une question peut en cacher une autre

Peut-on s'électrocuter avec de l'eau désionisée ?

L'eau désionisée n'existe pas. Cette appellation abusive désigne une eau dont on a éliminé les ions autres que les ions hydroxyde et oxonium, issus d'un échange naturel de protons entre les molécules d'eau. Une eau désionisée, donc dépourvue de sels minéraux, est moins conductrice qu'une eau du robinet standard, mais sa résistance n'est pas nulle et le risque d'électrocution demeure. Les extincteurs à eau distillée sont ainsi limités à 380 volts.

L'eau éteint-elle le feu ?

L'eau éteint les feux classiques par refroidissement et par étouffement. En revanche, son emploi peut s'avérer catastrophique dans le cas de feux d'aluminium, lorsque du matériel électrique est concerné ou s'il y a risque de flashover.

Toute combustion fait intervenir simultanément trois agents : un combustible, un comburant (en général l'oxygène de l'air) et de l'énergie. Si l'un quelconque des éléments qui constituent le triangle du feu vient à manquer, il s'éteint.

L'eau agit d'abord sur le facteur énergie, en refroidissant le milieu. Les molécules de combustible et de comburant ne réagissent que si leur vitesse, qui dépend de la température, est suffisante. Par sa capacité calorifique et sa chaleur latente de vaporisation particulièrement élevées, l'eau abaisse la température. L'agitation moléculaire décroît et la combustion s'arrête.

L'eau agit également par étouffement. En se vaporisant, elle fait écran et l'oxygène de l'air n'arrive plus jusqu'au combustible. Un litre d'eau libère 1 700 litres de vapeur à 100 °C, 2 400 litres à 260 °C et 4 200 litres à 650 °C ! L'expérience qui suit montre que l'eau ne se contente pas de refroidir. Placez une allumette enflammée au-dessus d'une casserole d'eau froide : rien ne se passe. Réitérez l'expérience au-dessus de l'eau en train de bouillir : l'allumette s'éteint de suite, bien que la température soit beaucoup plus élevée.

Les pompiers distinguent différentes classes de feux. Les feux de solides comme le bois ou le papier, dits de classe A, s'éteignent avec l'eau, de même que certains feux de liquides ou solides liquéfiables, dits de classe B. Des additifs peuvent être ajoutés aux extincteurs de manière à réduire la taille des gouttelettes et augmenter leur pouvoir mouillant ou retarder leur pénétration. En ville, on éteint la plupart des incendies avec moins de 400 litres d'eau alors que les engins de pompiers peuvent débiter jusqu'à 1 000 litres par minute. Dans le cas d'incendies de forêt, les canadairs déversent leurs 6 000 litres en quelques secondes.

En revanche, lorsque du matériel électrique est concerné (feux de classe C), le pompier doit se garder d'intervenir avec sa lance à incendie car il subirait un choc électrique violent, l'eau conduisant le courant. L'eau est également proscrite pour les feux de classe D, touchant des métaux peu usuels comme le lithium, le sodium, le potassium ou le baryum, mais aussi l'aluminium et le magnésium. Tous ces corps réagissent violemment avec l'eau en dégageant de l'hydrogène (un simple taille-crayon à base de magnésium plongé dans l'eau à température ambiante dégage quelques bulles). On préconise alors l'emploi du dioxyde de carbone, chimiquement inerte, ou le recours à des poudres spéciales.

Échantillons de sodium

Le sodium, qui réagit violemment avec l'eau, se conserve dans le pétrole.

Dernière situation dans laquelle il convient d'utiliser l'eau avec doigté : lorsqu'il y a risque de flashover. De petits foyers incendiaires peuvent parfois dégénérer. Le flashover se traduit par un embrasement spontané et généralisé de gaz de pyrolyse inflammables dégagés à très haute température lorsque des matériaux comme le bois se décomposent. Les fibres de cellulose du bois, qui a été asséché, se cassent en libérant du monoxyde de carbone, du cyanure d'hydrogène et d'autres gaz combustibles, qui s'accumulent au plafond où la température peut atteindre 300 °C, 500 °C, voire plus (des fumées blanches sortent alors des contenants). À ces températures, beaucoup de matériaux s'enflamment spontanément et c'est la catastrophe. L'autoinflammation du papier, par exemple, a lieu à 233 °C soit 451 degrés Fahrenheit, comme le rappelle le film homonyme. Le flashover se produit dans des locaux semi-fermés (porte ou fenêtre entrouverte) dans lesquels l'oxygène pénètre, mais en petite quantité. Signes précurseurs : au plafond apparaissent d'abord les anges dansants (*dancing angels)*, sortes de flammèches localisées dues au gaz de combustion. Puis survient l'embrasement général des matières combustibles.

Comment prévenir le flashover[1] ? De l'eau déversée en abondance transformerait le local en cocotte-minute et créerait trop de vapeur brûlante. Expulsées hors

1. Ne pas confondre avec le backdraft, explosion de gaz combustibles, accumulés dans un local fermé et mis brusquement en présence d'oxygène, lors de l'ouverture d'une porte ou d'une fenêtre. Signes précurseurs : fumées de différentes couleurs, qui sifflent et vont et viennent sous les portes, dont les poignées brûlantes atteignent 900 °C. Un tel accident, heureusement très rare, a coûté la vie à cinq pompiers à Neuilly-sur-Seine, en 2002.

de la pièce, les matières combustibles s'embraseraient dans l'oxygène extérieur. La meilleure technique est de projeter de petites quantités d'eau en jets diffus de manière à ce qu'elles s'évaporent rapidement et refroidissent les gaz non brûlés accumulés au plafond. En procédant par pulvérisations successives, la vaporisation des gouttelettes avant leur arrivée au sol ou sur les murs abaisse la température des gaz de la zone traitée. Pour évaluer les risques de flashover, les pompiers testent les plafonds en projetant un peu d'eau au plafond avec leur lance. Si celle-ci ne retombe pas en gouttelettes mais se vaporise avec un bruit caractéristique, le plafond est chaud.

Pourquoi les bulles d'air zigzaguent-elles dans l'eau ?

À moins d'être très petites, de diamètre inférieur à 1,3 mm, les bulles d'air qui remontent à la surface de l'eau ne suivent pas une trajectoire verticale mais virevoltent en décrivant des courbes qui s'apparentent à de doubles hélices.

Quelle est l'origine de la force latérale qui vient s'ajouter à la poussée d'Archimède, responsable du mouvement ascendant ? La forme de la bulle n'intervient pas, contrairement à ce que l'on pensait au départ : le phénomène s'observe également avec des sphères en plastique léger, parfaitement indéformables.

Dans les années 1990, les techniques de visualisation et de simulation des écoulements ont livré la clé d'une énigme qui intriguait déjà Léonard de Vinci. Une étude attentive du sillage de la bulle fait apparaître deux lignes autour desquelles l'eau tourne en sens contraires. Des tourbillons s'installent autour de ces lignes, qui dévient la bulle dans une direction perpendiculaire au mouvement et au plan des sillages, c'est-à-dire sur le côté. Plus la bulle est grosse, plus le mouvement s'avère complexe.

Le physicien Étienne Guyon avait surnommé le phénomène « effet Popov ». Si l'on ne dispose pas de poisson rouge, ou si l'on n'a pas l'opportunité d'observer un plongeur avec son tuba, il suffit de prendre une balle de ping-pong et de la plonger sous l'eau. Lâchée à proximité de la surface, elle jaillit perpendiculairement au liquide. Libérée à plus grande profondeur, elle sort de l'eau obliquement.

Une question peut en cacher une autre

Pourquoi les petites bulles montent-elles verticalement ?

Les petites bulles ne sont pas touchées par le phénomène, car la force de frottement exercée par l'eau est suffisamment importante comparée au poids et à la poussée d'Archimède. C'est cette force de frottement qui contribue à les stabiliser.

Pourquoi un sol humide paraît-il plus foncé qu'un sol sec ?

L'absorption à l'intérieur d'une fine couche d'eau est très faible et n'intervient pas de manière significative. En revanche, l'eau répandue sur le sol agit comme une couche antireflet. Une partie de la lumière qui touche le sol est absorbée, l'autre partie étant réfléchie en direction de l'interface eau-air. Cette dernière renvoie à son tour une fraction de la lumière vers le sol, et ainsi de suite. En fin de compte, la lumière qui parvient à l'œil de l'observateur est bien atténuée.

En termes plus techniques, la quantité de la lumière réfléchie au passage d'un milieu à un autre dépend du rapport des indices optiques. L'indice de l'air est voisin de 1, celui de l'eau est de l'ordre de 1,33 et celui d'un béton standard proche de 2. Moins les milieux successifs sont différents, plus il y a de lumière transmise et moins il y a de lumière réfléchie. La présence d'eau rend l'augmentation d'indice plus progressive, si bien que le flux lumineux réfléchi est plus faible et que le sol paraît plus sombre.

L'explication précédente suppose toutefois que l'eau forme une couche sur un sol imperméable, ce qui n'est pas le cas dans du sable, par exemple, où elle s'infiltre. L'eau présente entre les interstices a alors pour effet de diffuser la lumière dans toutes les directions, sur toute la profondeur de la couche où elle est présente. La quantité de lumière parvenant à l'observateur s'en trouve par conséquent amoindrie, ici encore.

L'eau est-elle compressible ?

Très peu, mais un peu tout de même. La preuve : les coups de bélier que l'on entend parfois en fermant brutalement un robinet. L'eau qui arrive heurte le pointeau du robinet et se voit barrer le passage. Il en résulte un choc, qui se traduit par une onde de pression qui se propage dans le fluide, entraînant la vibration des conduites lorsque celles-ci ne sont plus de première jeunesse. Le phénomène est plus marqué si l'on remplace le robinet par une vanne de fermeture. La forme en pointeau atténue le phénomène en offrant moins de prise au jet.

Près des installations de pompage, des ballons antibélier, immenses cloches renfermant de l'eau et de l'air, maintiennent une pression constante. Lorsque l'onde de choc se propage, l'air amortit les surpressions et l'eau sert de réserve face aux dépressions pour remplacer celle qui va manquer dans le réseau.

Le coefficient de compressibilité isotherme de l'eau présente en outre une anomalie. Il décroît quand la température s'élève, pour passer par un minimum à 44 °C.

Une question peut en cacher une autre

Quelle est la compression de l'eau au fond des océans ?

La pression atmosphérique standard (un bar ou mille hectopascals) est celle que crée une colonne d'eau de dix mètres de hauteur. Par conséquent, la pression sous une couche d'eau de dix kilomètres atteint mille fois la pression atmosphérique normale, soit mille bars.

Le passage d'un bar à deux bars se solde par une diminution de volume de moitié pour un gaz, mais d'un vingt millième seulement pour l'eau liquide. Au fin fond des océans, le volume d'eau n'a donc diminué que d'un vingtième.

Si l'eau était rigoureusement incompressible, le niveau moyen des océans serait plus élevé d'une trentaine de mètres.

Pourquoi les théières sont-elles munies de becs verseurs ?

Qui n'a jamais essayé de préparer un thé en versant directement l'eau d'une casserole dans la tasse contenant le précieux sachet ? Qui n'a alors constaté que l'eau s'obstinait à couler le long de la casserole et non dans la tasse placée en dessous ? Il s'agit de l'effet théière ou effet Coanda, du nom de l'ingénieur roumain Henri Coanda (1886-1972). Lors d'un essai en vol en 1934, ce pionnier de l'aviation à réaction avait eu la désagréable surprise de voir des flammes et des gaz incandescents, jaillis des deux réacteurs situés à l'avant de l'appareil, se coller contre le fuselage.

La courbure de la casserole, ou de l'aile dans le cas de l'avion, provoque une variation de pression perpendiculairement à la surface. La pression à l'extérieur du fluide étant plus élevée qu'à sa surface de contact avec le support, il a tendance à rester plaqué contre celui-ci. L'effet est d'autant plus sensible que le bord est arrondi et que la vitesse est faible.

Pour préparer un thé, une seule solution : verser l'eau très rapidement ou recourir à un récipient muni d'un bec verseur, à bords bien tranchés.

Pourquoi l'eau et l'huile ne se mélangent-elles pas ?

C'est plus une question de répartition de charges au sein des molécules d'eau et d'huile que de densité.

L'eau est constituée de molécules polaires, c'est-à-dire possédant une partie négative et une partie positive. La partie négative se situe du côté de l'oxygène, qui tend à s'approprier des électrons, alors que la partie positive se trouve du côté des hydrogènes, qui cherchent à se débarrasser de leurs électrons.

Les molécules d'huile, quant à elles, sont très peu polaires, la répartition électronique y étant symétrique. N'ayant aucune affinité électrique pour les molécules d'eau, elles ne se mélangent pas à celles-ci et restent de leur côté.

En chimie, le vieil adage « qui se ressemble s'assemble » fait loi. Pour que deux liquides soient miscibles, il faut qu'ils soient de même nature, ou tous deux polaires ou tous deux non polaires. C'est ainsi que l'alcool du vin, l'éthanol, constitué de molécules polaires comme l'eau, interagit avec celle-ci. Le plus de l'eau attirant le moins de l'alcool et le plus de l'alcool le moins de l'eau, les deux substances se mélangent intimement.

L'eau seule fait-elle rouiller ?

Non, la présence simultanée d'oxygène et d'eau est indispensable. Un clou en fer ne rouillera que très lentement dès lors qu'il séjourne en atmosphère sèche ou bien dans de l'eau distillée, à l'abri de l'air.

La formation de la rouille met en œuvre des mécanismes complexes, conduisant au dépôt d'oxydes de fer rougeâtres, dont le caractère poreux fragilise le métal et favorise son attaque en profondeur. Chaque année, l'équivalent de près du quart de la production mondiale de fer est perdue de cette manière ! La rouille n'apparaît pas de manière uniforme, mais se développe en premier au niveau d'émergence des structures de fer plongées dans l'eau (ou dans un sol humide) ou au niveau des gouttes d'eau qui se condensent à la surface du métal laissé à l'air libre.

Dans les milieux aquatiques pauvres en oxygène, apparaît un autre mécanisme de corrosion : la corrosion bactérienne. Elle est à l'origine de la production de sulfures de fer qui forment une gangue autour des épaves.

Dans l'eau de mer, les ions chlorure, omniprésents, s'insinuent dans les couches corrodées et se condensent à l'interface entre le métal et les produits de corrosion, qui finissent par éclater, ne laissant subsister qu'un noyau de fer décharné.

Lorsque l'on renfloue une épave, il faut éviter de la laisser à l'air car l'apport d'oxygène ferait reprendre la corrosion de plus belle. On l'entrepose donc dans de l'eau douce avant d'entreprendre les traitements adéquats et notamment l'extraction des chlorures, qui accompagne toute restauration.

Une question peut en cacher une autre

Le cuivre rouille-t-il ?

À l'air, le cuivre se recouvre progressivement d'une couche verdâtre, le vert-de-gris, qui patine les monuments anciens. Contrairement à la rouille, le vert-de-gris n'est pas poreux et passive le cuivre, ce qui évite généralement une attaque du métal en profondeur. Néanmoins, la présence dans les eaux de pluie de chlorures ou de composés soufrés issus des pots d'échappement, ou d'une pollution industrielle excessive, peut altérer le cuivre par formation de composés poreux.

Le son pénètre-t-il dans l'eau ?

Quand on plonge la tête sous l'eau, on entend nettement moins bien les sons produits à l'extérieur et beaucoup mieux ceux qui sont générés dans l'eau elle-même. L'eau et l'air sont des milieux très différents (la célérité du son est cinq fois plus forte dans l'eau), ce qui fait que l'onde sonore a beaucoup de mal à passer d'un milieu à l'autre. L'interface entre l'eau et l'air se comporte comme un véritable miroir sonore, vu du dessus comme du dessous.

Avec quelques nuances toutefois. L'angle sous lequel les rayons sonores parviennent à la surface de l'eau intervient. Le changement de vitesse à l'interface entraîne une déviation des rayons sonores appelée réfraction. Quand le son frappe l'eau en faisant avec la verticale un angle inférieur à un angle limite de 12 à 13 degrés, il pénètre partiellement dans l'eau, mais la diminution de vitesse fait que les rayons s'écartent de la verticale, d'autant plus que l'angle est grand. Si l'angle est supérieur à l'angle limite, le son est entièrement réfléchi et ne pénètre plus dans l'eau.

Notons la différence avec la lumière qui peut pénétrer dans l'eau quel que soit l'angle d'incidence. La lumière, à l'inverse du son, va moins vite dans l'eau que dans l'air (1,5 fois moins vite). Au lieu de s'écarter de la verticale, les rayons lumineux s'en rapprochent et la lumière se concentre à l'intérieur d'un cône. En observation sous-marine, la réfraction de la lumière forme un halo autour du Soleil.

Une question peut en cacher une autre

Toutes les fréquences se propagent-elles dans l'eau ?

L'atténuation des ondes sonores dans l'eau est bien moindre que celle de la lumière et des ondes électromagnétiques en général. Alors que celles-ci se propagent idéalement dans le vide, les ondes sonores requièrent un support matériel et constituent le meilleur moyen pour communiquer sous l'eau. Les molécules se touchent et le mouvement se propage rapidement par chocs successifs comme dans une rangée de dominos.

Les fréquences qui se propagent vont de 30 Hz à 1,5 MHz (la limite audible pour l'homme est de 20 kHz, mais les baleines entendent bien au-delà). La diffusion des particules en suspension et la présence de bulles d'air constituent une des sources de perte d'énergie, pratiquement indépendante de la fréquence. L'absorption est la seconde cause. À haute fréquence, la viscosité de l'eau entraîne une perte d'énergie acoustique sous forme de chaleur. À basse fréquence, l'énergie acoustique est transformée en énergie chimique par la dissociation et l'hydratation de l'acide borique et du sulfate de magnésium. Leur changement de structure porte le nom de phénomène de relaxation. Les basses fréquences se propagent toutefois mieux que les hautes fréquences. Les dauphins émettent des ultrasons qu'ils modulent : basses fréquences pour une détection lointaine mais peu précise, hautes fréquences pour une identification précise à courte distance, les longueurs d'onde étant alors de l'ordre des détails à reconnaître.

Pourquoi le chant des baleines s'entend-il à des milliers de kilomètres ?

Les ondes sonores constituent le meilleur moyen pour communiquer dans l'eau. L'Océan se comporte comme un véritable guide d'ondes qui transmet le son autour du globe. Un signal qui disparaît après trois kilomètres de parcours dans l'atmosphère peut couvrir des centaines, voire des milliers de kilomètres en mer.

Les microphones sous-marins ou hydrophones, de petites sphères en céramique, transforment les ondes de pression en tension électrique. Au cours des années 1950, à l'époque de la guerre froide, la Défense américaine commença à mettre en place un réseau d'hydrophones, le réseau SOSSUS, destiné à détecter à longue distance les bruits rayonnés par les sous-marins soviétiques. Depuis, la mer est demeurée sur écoute. Suite à l'interdiction d'essais nucléaires, signée par les Nations unies en 1996, les stations de mesure restent sur la brèche vingt-quatre heures sur vingt-quatre, analysant les données et éliminant des événements comme les séismes sous-marins, qui émettent sur des fréquences plus basses (typiquement une trentaine de hertz au lieu d'une centaine).

Sous l'eau, le son se propage rarement en ligne droite car la mer n'est pas un milieu homogène. La vitesse du son varie d'un point à un autre et son trajet se courbe systématiquement vers les zones de faible vitesse : c'est le phénomène de réfraction.

La célérité du son augmente avec la température (elle passe par un maximum à 74 °C), la pression et, dans une moindre mesure, la salinité de l'eau. Dans les mers polaires, l'effet de la pression est prépondérant et la vitesse du son augmente constamment avec la profondeur. En revanche, aux basses et moyennes latitudes, le son se propage le plus rapidement dans les couches superficielles très chaudes et dans les eaux profondes soumises aux fortes pressions. En général (la Méditerranée fait exception) la célérité accuse un minimum à des profondeurs comprises entre 800 et 1 200 m, dans une couche parfois appelée le canal SOFAR (*Sound fixing and ranging channel).* Lorsqu'un son est émis à ce niveau, l'onde sonore qui s'approche des zones de plus haute vitesse se trouve infléchie vers le bas si elle monte et vers le haut si elle descend. Le son se propage horizontalement sur des sortes de guirlandes, canalisé dans cette zone de minimum de vitesse. Un peu comme la lumière à travers une fibre optique, fibre que les baleines utilisent pour se faire entendre.

Une question peut en cacher une autre

Pourquoi les sonars rencontrent-ils des zones d'ombre ?

Le profil acoustique de l'Océan peut s'avérer extrêmement complexe, en fonction des variations de température, de pression et de salinité. Dans certains cas, les rayons sonores en provenance d'un secteur déterminé sont déviés de telle manière qu'aucun signal ne parvient au détecteur. C'est précisément dans ces zones d'ombre acoustique que se réfugient les sous-marins.

Les canards et les paquebots créent-ils le même sillage dans l'eau ?

Aussi étrange que cela puisse paraître, oui. Tous deux créent un sillage en forme de V, le sillage de Kelvin, dont l'angle au sommet vaut 39 degrés.

Le sillage en V du canard

Ce sillage s'apparente à celui que crée un avion en vol supersonique. Tant que celui-ci se déplace à une vitesse inférieure à celle du son, les ondes de pression sphériques qu'il a créées en comprimant l'air s'éloignent de lui vers l'avant et s'atténuent sans entraver sa progression. En revanche, dès que sa vitesse atteint celle du son, elles l'accompagnent et s'entassent devant lui, créant l'onde de choc sur laquelle il vient buter, soit le fameux mur du son, tel qu'il a été qualifié au début des années 1940. Aux vitesses supersoniques, les ondes se rabattent derrière l'aéronef en formant un cône, au niveau duquel la pression varie brutalement.

Le canard, le paquebot ou tout autre navire créent également des ondes à la surface de l'eau. Lorsque leur vitesse dépasse celle des ondes en question, il se forme un sillage en V. Comme la vitesse de propagation des ondes aquatiques est nettement plus faible que celle du son, la condition d'obtention d'ondes de choc est généralement satisfaite. Mais alors que pour les avions le cône est d'autant plus effilé que la vitesse est élevée, pour les canards le V garde la même ouverture quelle que soit la vitesse du volatile. Les ondes sonores, en effet, voyagent toutes à la même vitesse, quelle que soit leur longueur d'onde. Les ondes qui se propagent à la surface de l'eau, au contraire, subissent un phénomène de dispersion : leur vitesse dépend de leur longueur d'onde. Un navire qui va vite crée des ondes plus longues, qui voyagent plus vite que les autres. De ce fait, l'augmentation du diamètre des cercles créés compense en quelque sorte le resserrement du sillage entraîné par l'accroissement de vitesse.

En eau très peu profonde toutefois, le V est plus resserré à forte vitesse, comme on peut l'observer en lançant des morceaux de bois dans une flaque d'eau. À faible profondeur, l'eau n'est plus un milieu dispersif et la vitesse des ondes qui se propagent à sa surface ne dépend plus de leur longueur d'onde. On se retrouve alors dans le cas des ondes de choc dans l'air.

Pourquoi l'eau empêche-t-elle l'antigel de geler ?

L'antigel courant contient de l'éthylène-glycol, un liquide miscible à l'eau en toutes proportions. L'eau gèle à 0 °C et l'éthylène-glycol à – 11,5 °C et pourtant le mélange supporte des températures bien plus basses sans se solidifier.

Les lois de la physique veulent qu'un mélange homogène de deux liquides différents possède une température de solidification inférieure à chacun de ses composants pris séparément. Dans le cas d'un mélange contenant 33 % en masse d'éthylène-glycol, le point de congélation atteint – 18 °C. Avec 50 % d'éthylène-glycol, la protection descend à – 37 °C.

Non corrosif, l'éthylène-glycol ne modifie pas la capacité de refroidissement de l'eau du circuit chargé d'évacuer la chaleur de combustion dans les moteurs d'automobiles. Les usines alimentaires lui préfèrent toutefois comme fluide réfrigérant le propylène-glycol moins toxique et plus écologique.

L'eau a-t-elle une mémoire ?

« Une découverte française pourrait bouleverser les fondements de la physique : la mémoire de l'eau », titrait le quotidien *Le Monde*, le 29 juin 1988. Le lendemain la revue américaine *Nature* lui emboîtait le pas, avant de faire marche arrière, quelque temps plus tard.

Pour saisir toutes les subtilités du problème, un retour sur les principes de l'homéopathie s'impose. L'allopathie, c'est-à-dire la médecine ordinaire, emploie des médicaments provoquant des effets contraires à ceux de la maladie à combattre (*allos* signifie « autre » en grec). L'homéopathie en revanche consiste à traiter un patient en lui administrant des doses infinitésimales d'une substance qui provoque chez l'homme sain des symptômes comparables à ceux que présente le malade (*homeos* signifie « identique »), mais amoindris. Pour ce faire les principes actifs, les toxines ou « teintures mères », sont dilués très fortement. À tel point que, statistiquement, au-delà d'un certain seuil, il ne subsiste plus une seule molécule de principe actif.

La dilution à 1CH (centésimale hahnemannienne, en hommage au père de l'homéopathie, l'Allemand Samuel Hahnemann) consiste à diluer le produit de base cent fois, la dilution à 2 CH dix mille fois, à 3 CH un million de fois, à 4 CH cent millions de fois et ainsi de suite. Les préparations titrent jusqu'à 30 CH, mais la limite de dilution, compte tenu du nombre de molécules initial, se situe entre 11 et 12 CH[1].

Pour expliquer l'inexplicable, le docteur Jacques Benveniste, médecin et biologiste de l'INSERM émet l'hypothèse que l'eau garderait le souvenir de la structure moléculaire de la substance qu'elle a contenue. Et pour étayer cette affirmation, il s'appuie sur une expérience : le test de dégranulation des basophiles humains. Les basophiles sont des globules blancs contenant des granules porteurs de différentes molécules dont l'histamine, qui intervient dans les réactions allergiques. Lorsque les basophiles sont mis en présence d'agents allergènes, tels les poussières, le pollen ou divers anticorps, l'histamine est libérée par les granules, eux-mêmes largués par les basophiles, d'où le nom de dégranulation.

1. Pour les chimistes, le nombre d'Avogadro est 6.10^{23} entités par mole. Grossièrement, le nombre de molécules par litre de teinture mère est donc de l'ordre de 10^{23}. Une dilution à 11CH divise la concentration par 10^{22} et une dilution à 12 CH par 10^{24}. La solution obtenue peut donc très bien ne plus contenir une seule molécule de principe actif.

Le docteur Benveniste affirme avoir réalisé l'expérience avec une dilution de 18 CH, dilution qui ne laisse plus subsister aucune molécule d'anticorps. Il assure également avoir observé à cette occasion une dégranulation générale de tous les globules blancs présents. Et, dans la foulée, il présente ce résultat comme une preuve, ou tout du moins une confirmation potentielle, du principe de dilution de l'homéopathie.

D'un point de vue scientifique, une affirmation n'est recevable que si elle peut être reproduite systématiquement par différentes méthodes en donnant des résultats identiques, ce qui en l'occurrence ne fut pas le cas, d'où le scepticisme qui entoura la découverte. On reprocha également à Benveniste de s'en tenir à la dégranulation des basophiles, un test soupçonné engendrer nombre de faux positifs. Depuis, beaucoup d'eau a coulé sous les ponts, sans apporter d'éléments nouveaux.

Quand l'eau est-elle devenue H_2O ?

Caracteres de Chymie

En France, l'eau est devenue H_2O, il y a à peine plus d'un siècle.

Pour les Anciens, le monde terrestre était constitué de quatre éléments : la Terre, l'Air, le Feu et l'Eau. Après que Lavoisier, entre autres, eut montré que celle-ci n'était pas un corps pur mais une combinaison d'hydrogène et d'oxygène, on chercha à modifier les notations. En 1807, le chimiste anglais Dalton (1766-1844) publiait une théorie atomique, dite des équivalents, indiquant que la combinaison de deux corps simples (en l'occurrence l'hydrogène et l'oxygène) devait renfermer un « atome » de chacun d'eux. Un peu plus tard, en 1818, le Suédois Berzelius diffusait une table de « masses atomiques » utilisant une représentation symbolique des éléments par une ou deux lettres, représentation qui avait été proposée dès 1814. Dans ces conditions la formule de l'eau devint HO, l'oxygène ayant pour masse atomique 8 et l'hydrogène 1.

Malgré les travaux d'Avogadro et d'Ampère sur la constitution des molécules, la notation perdura jusqu'au congrès de Karlsruhe de 1860, date à laquelle Stanislao Cannizzaro signa l'abandon de la théorie des équivalents. En France cependant, en dépit des efforts de l'Alsacien Charles Wurtz, la notion de molécules se heurta à l'hostilité de l'influent Marcelin Berthelot[1], positiviste convaincu et adversaire acharné de la théorie atomique. Ce qui fit que chez nous, l'eau resta HO et ne devint H_2O qu'en 1890. Plusieurs ouvrages de l'époque continuèrent d'ailleurs à proposer à leurs lecteurs les deux notations.

Une question peut en cacher une autre

Comment a-t-on découvert la notion de molécule ?

La plupart des gaz se comportant de la même manière quand la température et la pression variaient, l'hypothèse d'un même nombre d'atomes dans un même volume semblait légitime.

Or deux volumes d'hydrogène et un volume d'oxygène, soit trois volumes en tout, produisaient deux volumes d'eau et non pas trois. Le nombre d'atomes par unité de volume ne pouvait donc être identique pour la vapeur d'eau et les « éléments » non combinés.

La difficulté s'aplanit grâce à l'hypothèse d'Amedeo Avogadro, lequel avait suggéré que tous les volumes de gaz renfermaient non pas le même nombre d'atomes mais le même nombre de molécules. En supposant que l'oxygène et l'hydrogène étaient tous deux constitués de molécules à deux atomes, deux volumes de dihydrogène et un volume de dioxygène produisaient bien deux volumes d'eau.

1. Bien qu'on lui doive de nombreuses synthèses organiques et la paternité de la thermochimie, Marcelin Berthelot n'avait pas que des amis. Pasteur, notamment, avait refusé d'être enterré au Panthéon pour éviter de le côtoyer *ad vitam æternam*. C'est la raison pour laquelle il repose dans la crypte de l'Institut qui porte son nom.

Pierre-Simon de Laplace est l'auteur d'une théorie dynamique des marées.

Chapitre III

L'EAU ET LES PHÉNOMÈNES NATURELS

La mer est salée parce qu'il y a des morues dedans.
Et si elle ne déborde pas, c'est parce que la providence,
dans sa sagesse, y a placé aussi des éponges.

Alphonse Allais

Qu'est-ce qu'un nuage ?

Les nuages sont des réservoirs d'eau maintenus en suspension dans l'atmosphère par les mouvements verticaux de l'air. Ils sont constitués de gouttelettes d'eau ou de cristaux de glace, dont la taille varie de moins d'un micromètre à environ cent micromètres.

L'air humide, moins dense que l'air sec, monte. Ce faisant, il se détend et se refroidit, atteignant sa température de saturation (comme nous l'avons déjà vu, l'air froid peut contenir moins de vapeur d'eau que l'air chaud). Les nuages commencent à se former autour des noyaux de condensation présents : minuscules particules de sel marin issues des embruns océaniques, résidus de combustion, aérosols, bactéries, cristaux de glace préexistants… Sans ce processus, les nuages n'apparaîtraient que de temps à autre, brutalement, causant des inondations.

La condensation de la vapeur d'eau s'accompagne d'un dégagement de chaleur, qui ralentit le refroidissement de l'air humide et maintient son ascendance.

Notre capacité à voir un nuage dépend de la manière dont il est éclairé, de la taille des particules qui le composent et de sa densité. Les contours des nuages ne sont pas diffus mais nets, car ils ne peuvent se dissiper par évaporation que sur les bords, là où l'humidité est inférieure à 100 %.

D'où vient la pluie ?

Dans nos régions, la pluie naît presque toujours de la glace. Cette affirmation du géophysicien allemand Alfred Wegener, père de la théorie de la « tectonique des plaques », a de quoi surprendre. Émise en 1911, l'idée ne s'imposera définitivement que dans les années trente, avec les études du météorologue suédois Tor Bergeron.

Tout débute dans les hauteurs de nuages, réputés pour apporter la pluie : les cumulonimbus ou nimbostratus. La température y est inférieure 0 °C et des cristaux de glace cohabitent avec les gouttelettes d'eau en surfusion. Par ailleurs, l'air contient de la vapeur d'eau, qui se condense lorsque sa pression atteint une valeur que l'on appelle la tension de vapeur saturante. La tension de vapeur saturante étant plus faible pour la glace que pour l'eau liquide, dès que le taux d'humidité de l'air dépasse un certain seuil, la vapeur d'eau se condense autour des cristaux de glace qui servent de noyaux de condensation. Dans le même temps, les molécules d'eau qui constituent les fines gouttelettes (leur taille s'étale de 10 à 50 micromètres) et qui sont très mobiles s'évaporent et alimentent l'air. Un transfert d'eau des gouttelettes aux cristaux s'établit, les seconds grossissant aux dépens des premières. Un million de gouttelettes d'eau doivent s'évaporer pour former un seul cristal.

Les cristaux de neige tendent à s'agglomérer en flocons, qui tombent sous l'effet de leur poids. Si l'air qu'ils rencontrent lors de leur chute est froid, ils restent sous cette forme mais, la plupart du temps, les masses d'air rencontrées sont suffisamment chaudes pour les faire fondre en route et il pleut. L'effet Bergeron rend compte de la formation des gouttes de petit diamètre, c'est-à-dire inférieur au dixième de millimètre. Pour des gouttes plus grosses, intervient un processus supplémentaire : la coalescence. Lors de leur chute, les gouttelettes d'eau s'agrègent et se rassemblent. Une goutte de pluie de quelques millimètres de diamètre est ainsi formée de près d'un million de gouttelettes plus petites.

Diamètre et vitesse de chute des gouttes

Précipitation	Diamètre (mm)	Vitesse (cm/s)
Brouillard	0,006 à 0,06 mm	0,10 à 20
Bruine	0,06 à 0,6 mm	20 à 100
Pluie	0,6 à 6 mm	100 à 800
Grosse averse	Plus de 6 mm	Plus de 800

Quelle est la forme d'une goutte de pluie ?

Les dessinateurs humoristiques se plaisent à représenter des gouttes d'eau qui ressemblent à des larmes ou à des gouttes quittant un robinet qui fuit.

En réalité, les gouttes de petit diamètre (jusqu'à un millimètre environ) sont parfaitement sphériques, les forces de tension superficielles réussissant à minimiser leur surface. Au-delà d'une certaine taille, la résistance de l'air intervient et crée un aplatissement vers le bas. La goutte se déforme, prenant par exemple l'allure d'un hamburger, côté plat tourné vers le bas.

Comment naissent les arcs-en-ciel ?

Pour Aristote et ses disciples, l'arc-en-ciel provenait de la réflexion du Soleil sur les nuages. Selon eux, les différentes teintes étaient produites par les variations d'absorbance du blanc, couleur pure dont dérivaient les autres au fur et à mesure qu'elles étaient souillées.

Dans les années 1300 de notre ère, le Perse Al-Fârisî et le moine dominicain allemand Dietrich von Freiberg, authentique expérimentateur du Moyen Âge, avaient compris que le phénomène naissait de réflexions et réfractions de la lumière dans les gouttes d'eau. Mais leurs travaux tombèrent pratiquement dans l'oubli jusqu'à ce que Descartes et Newton entreprennent de déterminer la géométrie exacte de l'arc et ses conditions de visibilité.

L'eau décompose la lumière solaire à la manière d'un prisme. Les rayons lumineux qui pénètrent dans les gouttes de pluie y subissent une réflexion avant de ressortir avec un angle qui dépend de la couleur. La lumière émergente ainsi dispersée est confinée dans une bande circulaire de deux degrés de large environ. L'arc est visible à l'opposé du Soleil, dans une couronne faisant 42 degrés avec la ligne qui plonge du Soleil à l'œil de l'observateur.

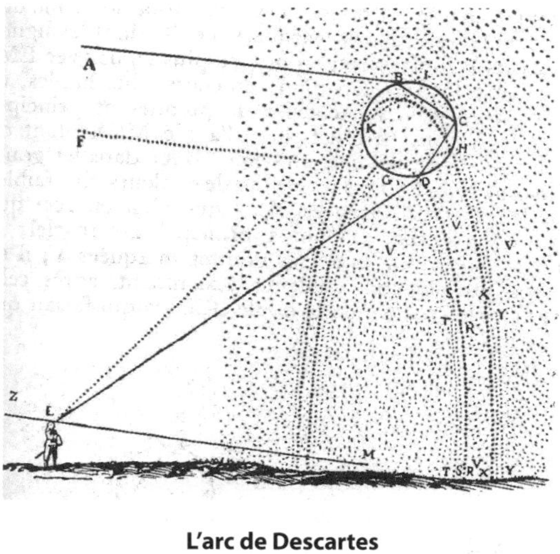

L'arc de Descartes

Inutile donc d'espérer voir un arc-en-ciel si le Soleil est à plus de 42 degrés de hauteur dans le ciel, c'est-à-dire, dans nos régions, en été ou à midi solaire (le Soleil culmine à 71 degrés en été, à Paris). L'horizon en occulte la plus grande partie. Seule solution : prendre de la hauteur, observer en montagne, ou depuis un avion. Les pilotes peuvent ainsi observer des cercles complets.

Bien sûr, toutes les gouttes vues dans une même direction contribuent à la formation de l'arc-en-ciel, qui n'est pas localisé. La position de l'observateur détermine la direction des gouttes efficaces. Deux individus côte à côte ne voient donc pas le même arc.

La palette des couleurs visibles est infinie et ne se limite pas à sept comme le veut une croyance qui perdure. Les couleurs s'étalent du violet, à l'intérieur, au rouge, à l'extérieur. Les personnes opérées de la cataracte distinguent même une zone ultraviolette, qui prolonge la partie violette. Une observation attentive révèle également l'existence d'un arc secondaire aux couleurs inversées, à l'extérieur du premier et à 51 degrés (entre 50°33′ et 53°56′) au lieu de 42 (entre 40°23′ et 42°16′). Plus large et moins lumineux que l'arc principal, il résulte de la décomposition de la lumière qui émerge des gouttes après une réflexion supplémentaire. Les rayons efficaces qui arrivent à l'œil entrent par le haut de la goutte pour l'arc primaire et par le bas pour l'arc secondaire. Entre les deux, une bande sombre, dite d'Alexandre, du nom d'Alexandre Aphrodie, qui en fit état dans ses chroniques, en 200 avant notre ère. Les arcs tertiaire et quaternaire, moins lumineux et situés défavorablement par rapport au Soleil, ne s'observent normalement qu'en laboratoire. Les arcs surnuméraires, des bandes pâles parfois visibles à l'intérieur de l'arc primaire, résultent de phénomènes complexes d'interférence.

Une question peut en cacher une autre

Pourquoi les couleurs de l'arc-en-ciel sont-elles délavées ?

Le Soleil n'est pas une source ponctuelle, mais étendue. Ses rayons n'arrivent pas tous sous le même angle et engendrent des arcs légèrement décalés les uns par rapport aux autres. Le chevauchement des couleurs est à l'origine des pastels.

Plus le diamètre des gouttes est petit et plus le phénomène est marqué. Les tons orange et rose remplacent les rouges et les violets. Dans le brouillard, les gouttelettes sont si minuscules que l'arc-en-ciel devient blanc.

Comment se forment les icebergs ?

Les icebergs sont des blocs d'eau douce dérivant sur la mer. Ils ont pour origine les plates-formes de glace qui frangent les côtes de l'Antarctique et certaines parties de l'archipel canadien ou proviennent des glaciers du Groenland, de l'Alaska ou du Spitzberg. Ils naissent selon un processus appelé vêlage, au cours duquel la glace mère se disloque, suite aux tensions internes et à l'assaut répété des vagues, aidées par les marées et les tempêtes.

À leur naissance, les plus grands spécimens atteignent plusieurs dizaines, voire centaines de kilomètres de long, pour une épaisseur de quelques centaines de mètres. L'iceberg B15, détaché en 2000 de la barrière de Ross, en Antarctique, totalisait une surface de plus de 11 000 km^2, soit 25 % de plus que la Corse.

Les icebergs se fragmentent ensuite en morceaux de plus en plus petits, par fusion ou par répétition du processus de vêlage. La fusion est plus rapide à la surface de l'eau, d'où deux types de petits icebergs : les uns en bloc provenant de la partie aérienne, les autres souvent très découpés, issus du tablier de glace sous-marin. Les petits icebergs sont parfois appelés bourguignons, en référence à leur taille qui évoque celle d'un tonneau de vin de Bourgogne.

Un iceberg du Spitzberg

Les icebergs ont-ils des noms ?

Les icebergs en provenance de l'Antarctique sont répertoriés et suivis par le *National Ice Center*. Dès lors que sa taille dépasse dix miles marins (18,5 km), un iceberg se voit désigné par un nom composé d'une lettre indiquant son origine, suivie par un nombre incrémenté de un à chaque nouvelle découverte.

La nomenclature des icebergs de l'Antarctique

Lettre	Provenance
A	Entre 0 et 90° de longitude ouest
B	Entre 90 et 180° de longitude ouest
C	Entre 90 et 180° de longitude est
D	Entre 0 et 90° de longitude est

Lorsque l'iceberg se fragmente, les différents morceaux sont repérés par une lettre supplémentaire. Entre 2002 et 2003, le géant B15 se fractionnait : le plus grand morceau B15A totalisait encore 3 100 km^2 pour une longueur de 122 km et une largeur de 27 km. Bête noire des écologistes, B15A quittait sa base natale pour aller boucher le détroit Mac Mendo, obligeant les manchots de la région à parcourir des dizaines de kilomètres. B15A a disparu en 2005 sous l'œil attentif du satellite *Envisat*, spécialiste des observations environnementales.

Les descendants de B15 sous haute surveillance

Comment se forme la banquise ?

Théoriquement, l'eau de mer gèle vers – 2 °C (les premiers cristaux apparaissent à – 1,91 °C pour une salinité de 35), pour donner la banquise. Celle-ci constitue un bon écran calorifique et n'a donc jamais plus de quelques mètres d'épaisseur.

En réalité, les eaux commencent à geler à une trentaine de mètres de profondeur et non à partir de la surface comme dans les lacs d'eau douce dont le haut, à moins d'un climat particulièrement rigoureux, se trouve à 0 °C et le fond à 4 °C. Dans ces lacs, l'eau de surface qui se refroidit progressivement atteint un maximum de densité à 4 °C. Si le refroidissement se poursuit en dessous de cette température, la masse volumique des eaux superficielles diminue, ce qui interrompt les mouvements de convection, et la surface prend rapidement en glace.

La Jeannette, prise dans la banquise

En mer, au contraire, les mouvements de convection peuvent se poursuivre car l'eau salée s'alourdit jusqu'à son point de congélation (– 1,91 °C). Les eaux superficielles, toujours plus lourdes, échappent à la congélation en plongeant et sont remplacées en permanence par des eaux profondes moins froides. Seul un refroidissement intense et rapide stoppe le processus. La glace naissante constitue le *frazil* qui, moins dense, remonte ensuite à la surface. Se forment ensuite des pancakes, c'est-à-dire des croûtes de glace en forme de crêpes, qui s'entrechoquent et finissent par se cimenter en une banquise continue, que vagues et courants démantèlent au printemps.

La banquise arctique n'est pas figée : elle se déplace. Elle avance même incroyablement vite, atteignant une moyenne d'environ 500 mètres par heure. Après la *Jeannette* et le *Fram*, le navire de l'explorateur Nansen, l'équipage du voilier *Tara* vient de se laisser piéger (volontairement) par les glaces, dans le but d'étudier la banquise, ses composantes et son évolution. Le constat est sans appel : de plus de trois mètres d'épaisseur il y a vingt ans, l'épaisseur moyenne de la banquise n'est plus désormais que de 1,5 mètre.

La banquise a également perdu en étendue l'équivalent de trois fois la surface de la France. Les climatologues sont formels : les simulations prévoient toutes la disparition totale de la glace en Antarctique durant l'été. Reste à savoir quand.

Quelle est la couleur de l'eau ?

L'eau qui coule d'un robinet est incolore alors que les photographies sous-marines révèlent une lumière bleue.

L'eau absorbe la lumière, d'autant plus que l'épaisseur traversée est importante. En mer, il reste généralement 40 % de la lumière extérieure à un mètre sous la surface, 15 à 20 % à dix mètres de profondeur et 1,5 % à peine à quarante mètres.

Par ailleurs, l'absorption est sélective et le spectre visible est progressivement amputé du violet et du rouge, qui devient généralement invisible à dix mètres de profondeur, puis du jaune, à partir de vingt-cinq mètres. La coloration bleue domine dès lors que l'épaisseur d'eau est suffisante car les molécules d'eau diffusent préférentiellement la lumière bleue. Ce phénomène, appelé diffusion Rayleigh, est aussi responsable de la coloration bleue du ciel. Les molécules d'eau ont des tailles similaires à celles des molécules d'air et diffusent la lumière de la même manière.

À très forte profondeur, l'absorption de la lumière est telle que plus aucun rayon lumineux ne parvient de la surface. C'est le noir des abysses. Quelques lacs occupant d'anciens cratères volcaniques font exception, tels le Crater Lake dans l'Oregon. Leurs eaux, très pauvres en éléments minéraux dissous, sont d'une pureté exceptionnelle et le seuil d'extinction se situe vers 300 mètres.

Lorsque l'eau est peuplée d'un grand nombre de microorganismes végétaux, plancton ou algues, elle présente une teinte verte car les plantes, ne pouvant tirer parti de la lumière verte pour la photosynthèse, s'en débarrassent.

D'autres éléments en suspension peuvent colorer l'eau, en fonction de la taille des particules. De grandes quantités de limon ou de sables teinteront l'eau en jaune. Le fleuve Jaune ou Houang-Ho, en Chine, doit sa couleur aux énormes quantités de lœss qu'il charrie. Les lacs et les torrents glaciaires, quant à eux, arborent une teinte émeraude, due à la farine glaciaire, constituée de fines particules morainiques.

Peuvent également jouer les phénomènes de réflexion à la surface et au fond de l'eau. L'eau réfléchit la lumière d'autant plus que l'angle d'incidence est élevé. La partie proche d'un lac riche en phytoplancton apparaîtra verte pour un observateur situé sur la berge parce que seule la lumière du ciel qui touche la surface selon un angle aigu est réfléchie dans sa direction. Au contraire, la partie la plus éloignée semblera vert bleu car observée sous un angle beaucoup plus ouvert. La quantité de lumière bleue réfléchie, beaucoup plus importante, se mêle alors au vert des algues.

Une question peut en cacher une autre

L'œil s'adapte-t-il à la vision sous-marine ?

Les cônes rétiniens voient leur activité décroître quand l'ambiance lumineuse est réduite et la reconnaissance des couleurs devient hasardeuse.

Les poissons s'adaptent à leur environnement. Les pigments photosensibles qui équipent leurs cellules rétiniennes, absorbent à des longueurs d'onde beaucoup plus courtes que pour l'homme.

Pourquoi la neige est-elle blanche ?

La neige est formée d'un empilement plus ou moins lâche de petits cristaux indépendants qui décomposent la lumière naturelle à la manière d'un prisme. La multiplication des interfaces, dont l'orientation est aléatoire, entraîne une rediffusion de toutes les longueurs d'onde dans toutes les directions. La neige nous paraît donc blanche à la lumière du Soleil. En revanche, la nuit, elle ne renverra pas toutes les longueurs d'onde.

Les zones rougeâtres observées sur les étendues enneigées de haute montagne sont dues à des algues microscopiques du genre *Chlamydonas*. Les traces de pas leur permettent de se multiplier.

Une question peut en cacher une autre

Et la glace ?

La couleur de la glace dépend de sa teneur en air. Une glace peu dense, contenant beaucoup de bulles d'air, paraîtra blanche comme la neige. Au fur et à mesure que la neige se tasse et évolue vers de la glace (pour les glaciologues, ce terme est réservé à de l'eau solide et imperméable), le pourcentage d'air diminue. La poudreuse contient 90 % d'air et le névé, qui constitue le stade précédent l'obtention de glace, n'en contient plus que 50 à 80 %. La neige transformée prend en masse, les cristaux s'émoussent et se soudent. Les interfaces sont moins nombreuses, ce qui diminue la diffusion. Un bloc de glace pure et dure ne renfermant plus que 2 % d'air est transparent car toute la lumière le traverse. Mais dès qu'on le raye avec un couteau ou qu'on le broie, il devient blanc. La pulvérisation du solide fait réapparaître la diffusion, phénomène observable également avec le verre.

Par ailleurs, comme l'eau liquide, la glace absorbe moins le bleu que le jaune et surtout le rouge. Dès que l'épaisseur est suffisante et qu'il n'y a plus de bulles d'air emprisonnées, la glace prend une couleur bleutée. Les stratifications glaciaires laissent apparaître des alternances de bandes blanches et bleu verdâtre, liées aux saisons. La glace blanche, peu dense avec beaucoup de bulles, se forme en hiver quand il neige. La glace bleue, compacte, est façonnée par le dégel et le regel estival des couches superficielles.

Quelle est la vitesse d'un glacier ?

Les glaciers reculent suite au réchauffement climatique, c'est un fait. Il n'empêche : dès lors qu'elle est préservée de la fonte, la langue glaciaire continue d'aller de l'avant, à la manière d'un long fleuve, pas si tranquille que ça ! Un fleuve qui, en bougeant et en se déformant, peut casser et se couvrir de crevasses et de séracs.

Le mouvement d'ensemble d'un glacier a pour moteur la gravité, mais la vitesse varie selon les secteurs en fonction de la topographie du terrain. Élevée dans les passages étroits, elle stagne quand le terrain s'élargit. Elle est plus importante

Crevasses sur le Glacier Blanc

Les crevasses signalent les gradients de vitesse.

au centre qu'aux bords de la langue glaciaire, qui s'amenuise vers l'aval, les parois latérales freinant l'écoulement. Elle est aussi plus rapide à la surface qu'en profondeur.

La plasticité de la glace ayant ses limites, les différentiels de vitesse font naître des crevasses, qui sillonnent le glacier jusqu'à des profondeurs d'une cinquantaine de mètres. Aux ruptures de pente, là où le glacier plonge brutalement, l'accélération devient si forte que les crevasses s'élargissent en faisant naître à leur intersection des sortes de clochetons : les séracs. À Chamonix, la vitesse moyenne de la mer de Glace est de 400 mètres par an. De l'ordre de 150 mètres par an, au centre, à la base, elle atteint un kilomètre par an au sommet du chaos de séracs du Géant, soit trente centimètres par jour.

La vitesse d'un glacier s'exprime en tant que résultante d'un glissement de fond sur le lit rocheux, plus ou moins lubrifié par les eaux de fonte, et de déformations internes dans le corps du glacier. Les modèles mathématiques, comme celui de Nye, relient la vitesse à la pente, à l'épaisseur de glace ou de neige et à la température.

Certaines zones ne bougent quasiment pas. Les glaciers suspendus ou glaciers morts ont une vitesse d'écoulement proche de zéro. Sur une pente de 12 %, une masse de névé commence à couler pour une épaisseur de quarante mètres.

À pente égale, la vitesse augmente en raison de la puissance quatrième de l'épaisseur : un glacier deux fois plus épais coulera seize fois plus vite. Ceci permet d'expliquer la grande vitesse des glaciers groenlandais (les *icestreams*) qui reposent pourtant sur des socles peu inclinés. Le glacier de Jakobshavn se déplace ainsi à plus de sept kilomètres par an, soit presque un mètre par heure. Et le Kangerlussuaq atteint le record de quarante mètres par jour.

Plus un glacier est tempéré, plus il se déplace vite, car la présence d'eau de fonte favorise le glissement. L'écoulement est plus rapide en été qu'en hiver car l'eau provenant de la fusion en surface s'infiltre dans les profondeurs et accroît la pellicule d'eau. La rupture des poches d'eau sous-glaciaires, comme à Saint-Gervais, dans la nuit du 11 au 12 juillet 1892, et la vidange des lacs surglaciaires sont à l'origine de nombreuses catastrophes.

L'eau qui pénètre peut aussi regeler en libérant une petite quantité de chaleur qui élève la température et affaiblit les cristaux qui, en fondant et en regelant, perdent leurs bords anguleux, s'émoussent et se tassent. Le glissement ne joue pratiquement aucun rôle dans les glaciers polaires, qui demeurent en permanence soudés à leur substrat. Les glaciers recouverts de blocs rocheux, également, s'isolent mieux de la fonte et avancent moins vite.

Pourquoi y a-t-il des marées ?

Le niveau de la mer varie sous l'influence de l'action de la Lune et du Soleil. Sur les côtes de l'Atlantique et de la Manche, le phénomène est semi-diurne, c'est-à-dire que l'on observe deux marées par jour. Dans les régions équatoriales et polaires, dans de nombreux ports du Pacifique et de l'Océan Indien et sur les côtes de Sibérie, en Alaska et en Asie du Sud-Est, le rythme est diurne, c'est-à-dire que l'on n'observe qu'une seule marée par jour.

Commençons par les marées semi-diurnes. La Lune, bien que moins massive que le Soleil, a une action de marée 2,25 fois plus forte en raison de sa proximité. L'attraction lunaire sur l'eau des océans se combine à la force centrifuge due au mouvement de rotation du système Terre-Lune, force de même nature que celle qui nous projette à l'extérieur d'un manège. Mais alors que la force gravitationnelle diminue avec la distance à la Lune, la force centrifuge est globalement constante. L'intensité et la direction de la résultante de ces deux forces, que nous appellerons force de marée, dépend de l'endroit du globe. Sur la partie de l'Océan qui se trouve du côté de la Lune, la force de gravitation l'emporte, alors qu'aux antipodes c'est la force centrifuge qui prédomine.

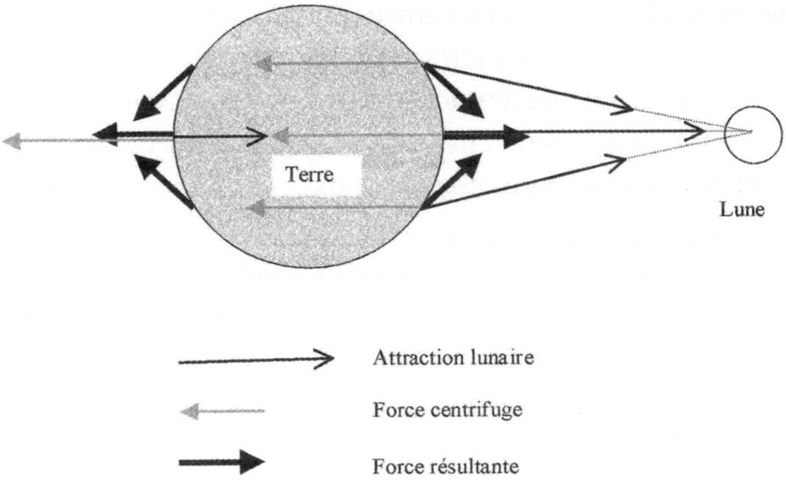

Les forces de marée

En tout point, la force de marée est la résultante de la force de gravitation exercée par la Lune et d'une force centrifuge constante.

Sur l'axe Terre-Lune se forment donc deux bourrelets, où le niveau des océans va avoir tendance à monter. Dans les régions situées à 90 degrés, la force résultante est dirigée vers le centre de la Terre, ce qui se traduit par deux dépressions où le niveau de l'eau va avoir tendance à descendre. Comme la Terre tourne sur elle-même, marée haute et marée basse se succèdent deux fois par jour.

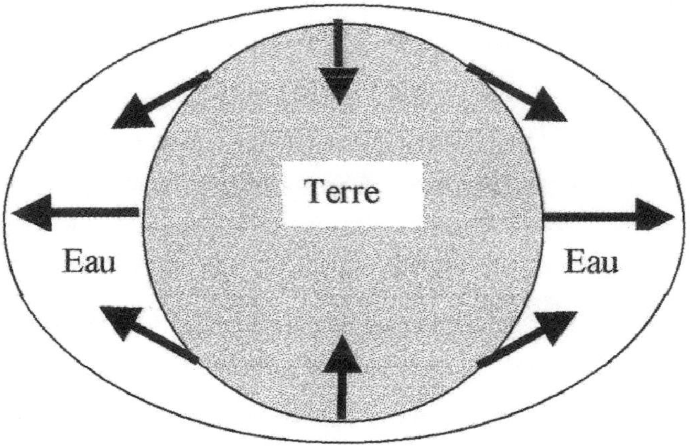

La déformation de la surface des océans

Cette théorie statique, échafaudée par Newton (1642-1727), explique l'existence des marées mais ne permet pas d'en saisir toutes les fantaisies. Elle repose sur l'idée que la surface des mers prend à chaque instant la figure d'équilibre correspondant à l'astre attirant. Elle laisse ainsi sous-entendre que la pleine mer coïncide avec le passage de la Lune au méridien, ce qui est inexact car l'eau est un fluide qui ne répond pas instantanément à la sollicitation de la Lune. À Brest, par exemple, le décalage, que l'on nomme établissement du port, est d'environ trois heures. En outre, selon la théorie de Newton, l'amplitude des marées ne dépasserait pas soixante centimètres. C'est Pierre-Simon de Laplace (1749-1827) qui, le premier, bâtit une véritable théorie dynamique des marées, en liaison avec les équations de la mécanique des fluides. La formule semi-empirique de Laplace sera utilisée jusqu'en 1993 par le SHOM (service hydrographique et océanographique de la marine) pour prévoir les marées sur la côte atlantique. Elle n'a été détrônée qu'avec le développement du calcul informatique et l'essor des méthodes numériques.

Comment explique-t-on les marées diurnes ? En général, La Lune ne se trouve pas dans le plan de l'équateur et les deux bourrelets qui correspondent aux hautes mers ne sont pas symétriques. Le bourrelet situé du côté de la Lune est plus marqué. Une pleine mer sur deux est plus forte, ce qui privilégie une composante diurne. Dans nos régions, la différence est peu marquée (trente centimètres à Brest), mais il existe des endroits où le caractère diurne l'emporte, et d'autres où la marée est mixte, alternativement diurne et semi-diurne, comme en Indochine ou aux Antilles.

Les théories actuelles privilégient la méthode harmonique, qui considère la marée comme une superposition d'ondes. Diurnes, semi-diurnes, le SHOM prend en compte près de 150 composantes !

Une question peut en cacher une autre

Pourquoi les marées se décalent-elles d'un jour à l'autre ?

En un même lieu, d'un jour à l'autre, une même marée se décale de cinquante minutes. C'est le mouvement de la Lune autour de la Terre qui en est responsable. La Lune met 28 jours environ à accomplir le tour de la Terre. Au bout d'une journée, lorsque la Terre a fait un tour complet, la Lune s'est décalée. Un observateur terrestre ne la retrouve dans la même position qu'un vingt-huitième de jour plus tard, soit une cinquantaine de minutes.

De quoi dépend l'amplitude des marées ?

Dans les différents ports de nos côtes de l'Atlantique ou de la Manche, les marées semi-diurnes sont généralement caractérisées par leur coefficient, un nombre qui va de 20 à 120. Le coefficient 100 est par convention attribué à une marée moyenne de vives-eaux d'équinoxe. Le Soleil est alors à sa distance moyenne de la Terre et la Lune également, avec une déclinaison nulle, c'est-à-dire que celle-ci se trouve dans le plan de l'orbite terrestre.

L'influence du Soleil, en effet, vient moduler celle de la Lune. Lorsque les deux astres sont grossièrement dans la même direction, ce qui est le cas à la pleine Lune et à la nouvelle Lune, leurs effets s'ajoutent. Ce sont les marées de vives-eaux où le marnage, c'est-à-dire la différence de hauteur entre la basse mer et la pleine mer qui lui succède, est maximal. Quand les deux astres se trouvent dans des directions perpendiculaires, lors du premier quartier et dernier quartier de Lune, l'action de celle-ci est tempérée et ce sont les marées de mortes-eaux. Sur une durée de vingt-huit jours se succèdent deux marées de vives-eaux et deux marées de mortes-eaux, si bien que le cycle des vives-eaux et mortes-eaux est de quatorze jours.

Les marées d'équinoxe sont réputées pour leur intensité. À cette période, le Soleil se trouve dans le plan de l'équateur, bien face à la Terre. Quand de surcroît la Lune, dont l'orbite est elliptique, se trouve au périgée, c'est-à-dire au point le plus proche de la Terre, l'effet est renforcé. La grande marée d'équinoxe de mars 1993 combinait pleine Lune et passage au périgée. Pour une prochaine marée à 119, il faudra patienter jusqu'au 21 mars 2011 et peut-être même jusqu'au 21 mars 2015 ; un coefficient 120 est prévu le 25 mars 2073. La position du périgée lunaire explique également le décalage parfois observé entre les dates des marées d'équinoxe et celles des équinoxes elles-mêmes (août ou novembre au lieu de septembre, février ou mai au lieu de mars…).

De fait, d'autres paramètres entrent en compte, comme la déclinaison de la Lune qui n'est pas forcément dans le plan Terre-Soleil, la force du vent, les mouvements de l'air et la topographie des mers concernées.

Des marées d'une amplitude exceptionnelle peuvent se produire lorsqu'une marée de vive-eau coïncide avec une dépression barométrique exceptionnelle, ce qui fut le cas en mer du Nord en 1953. Une variation de pression de dix hectopascals (un centième de la pression atmosphérique normale) induit une correction de hauteur de dix centimètres.

Dans les mers fermées, le marnage est généralement très faible, quoique dépendant de l'orientation de la côte. En Méditerranée, il est d'environ vingt à quarante centimètres sur les côtes françaises, du même ordre que les effets météorologiques. Il est un peu plus important dans l'Adriatique (50 centimètres à Venise, jusqu'à 1,3 mètre en *aqua alta* d'équinoxe) et dans le golfe de Gabès, en Tunisie (jusqu'à 2,3 mètres). Venise et Gabès se caractérisent par l'existence d'un plateau continental et un trait de côte rentrant, qui renforcent les marées.

Dans les grands fonds océaniques, le marnage généralement faible, peut atteindre des valeurs considérables dès lors que le plateau continental s'y prête. En vive-eau moyenne, on passe de quatre mètres au fond du golfe de Gascogne à six mètres à Brest et plus de douze mètres dans la baie du Mont-Saint-Michel où la marée rebondit sur la presqu'île du Cotentin. Le marnage le plus important du monde est observé au Canada, dans la baie de Fundy, un appendice de l'Atlantique, où il atteint dix-sept mètres. Les marnages des marées diurnes sont généralement plus faibles, mais font quand même dix mètres à Sunrise, en Alaska, et onze mètres en mer d'Okhotsk près de la péninsule du Kamtchatka.

Une question peut en cacher une autre

La mer met-elle autant de temps à monter qu'à descendre ?

Pas toujours. Lorsque les eaux sont peu profondes, comme en mer du Nord ou sur les côtes de la Manche, la mer monte plus vite qu'elle ne descend. La vitesse de propagation de l'onde de marée augmente avec la profondeur. Quand celle-ci est grande, la dénivellation entre pleine mer et basse mer est négligeable et la vitesse reste sensiblement identique. En revanche, par faible profondeur, la crête de l'onde se propage plus vite que le creux. Une nouvelle composante de la marée intervient, une composante quart-diurne qui vient s'ajouter à la composante semi-diurne, rompant la symétrie entre montée et retrait des flots. À Brest, l'écart est de quatorze minutes, à Saint-Malo d'une heure quarante-huit minutes, à Calais de deux heures vingt-neuf. Sur les côtes de la Manche, il augmente lorsqu'on se déplace vers l'Est, en dehors des particularités locales. Le phénomène est particulièrement marqué dans les estuaires. À Honfleur, la mer monte en cinq heures et descend en sept ! Parfois, la mer reste haute très longtemps, pendant deux à trois heures, comme en baie de Seine. Cette tenue du plein est bienvenue dans des ports comme Le Havre.

Le flux et le reflux déterminent des courants appelés respectivement flot et jusant, capables d'éroder le fond et les berges dans les chenaux étroits des estuaires.

Comment naissent les vagues ?

La formation de la houle résulte de l'action du vent et non de celles des marées comme on le croit parfois. La naissance des vagues est le fruit d'une instabilité, dite de Kelvin-Helmholtz, laquelle se manifeste à l'interface entre deux fluides animés de vitesses différentes.

Les deux fluides concernés sont ici l'air et l'eau. En haute mer, le vent souffle parfois violemment et va avoir tendance à entraîner par friction les couches superficielles de l'eau, qui glissent les unes sur les autres et finissent par s'enrouler sous l'effet de leur poids, formant les vagues. Du fait de sa tension superficielle élevée, l'eau est suffisamment élastique pour que la déformation puisse s'établir et se propager sur de grandes distances. Des vagues parviennent ainsi à cheminer pendant quatre à cinq jours, d'un continent à l'autre, avant de rencontrer une côte ou de s'atténuer suffisamment pour disparaître. Les vagues issues de régions lointaines, la houle, peuvent aussi se combiner avec les vagues générées par le vent local.

Les vagues se caractérisent par leur hauteur et leur longueur d'onde. La hauteur d'une vague est la distance verticale séparant une crête et un creux. Sa longueur d'onde est la distance entre deux crêtes (ou deux creux) successifs. Les paquebots transatlantiques ont une longueur adaptée à la houle moyenne de l'Atlantique Nord. Ils doivent reposer sur trois crêtes successives, ce qui correspond à deux longueurs d'onde, soit environ 300 mètres. Les vagues se propagent d'autant plus vite que leur longueur d'onde est grande, ce qui en général va de pair avec la hauteur. Généralement une vague n'est stable que si sa hauteur ne dépasse pas un septième de sa longueur d'onde.

Les vagues capillaires, qui forment ce que l'on appelle la « risée », sont des vagues très superficielles et de courte longueur d'onde, que l'on peut observer par brise légère.

Une question peut en cacher une autre

Quelle est la trajectoire des particules d'eau ?

La houle n'est ni transversale ni longitudinale. Les particules d'eau décrivent des cercles dans le plan vertical, sous l'effet de la gravité qui les entraîne et des forces de tension superficielle qui les rappellent. À l'approche du rivage, les cercles se déforment pour donner des ellipses.

Qu'est-ce qu'une vague scélérate ?

Totalement imprévisible et semblant surgir de nulle part, c'est une vague d'une amplitude sans commune mesure avec ce que laisse présager l'état de la mer au moment où elle se forme.

Généralement, les vagues normales, même assez hautes, montent en pente douce et se laissent franchir sans problèmes majeurs. Les vagues scélérates, au contraire, sont très fortement cambrées et s'apparentent à de véritables murs d'eau. Elles ont déjà endommagé nombre de plates-formes pétrolières. En 1982, *Ocean Ranger* disparaissait au large de Terre-Neuve avec à son bord quatre-vingt-quatre personnes. Le 1er janvier 1995, c'était au tour de la plate-forme *Draupner*, amarrée en mer du Nord, au large de la Norvège, de rencontrer une vague monstrueuse de plus de trente mètres de haut (18 mètres au-dessus du niveau moyen), la vague du Nouvel An, dans une zone pourtant dépourvue de courants significatifs.

Les paquebots n'ont pas été épargnés. Les bâtiments de la *Cunard* avaient la triste réputation d'attirer les vagues scélérates. En 1942, le *Queen Mary*, avec à son bord quinze mille soldats américains, manqua chavirer près des côtes européennes. En 1993, le *Queen Elizabeth* s'enfonçait dans le creux d'une vague géante au large du Groenland, ce qui eut pour effet de démolir le pont avant et briser les vitres de la passerelle pourtant située à 27 mètres au-dessus de la ligne de flottaison. Et en 1995, le *Queen Elizabeth II*, lui aussi, rencontrait une vague d'une telle amplitude que le commandant éprouva la sensation de « foncer droit sur les falaises de Douvres ».

Alors que l'origine sismique des tsunamis n'est plus mise en cause, les mécanismes responsables des vagues scélérates demeurent encore mystérieux et aucune explication ne fait actuellement l'unanimité.

Un rôle des courants a parfois été évoqué. Au large de l'Afrique du Sud, la rencontre du courant des Aiguilles, qui descend de l'Océan Indien avec la houle venue des quarantièmes rugissants, qui remonte vers le Nord-Est, pourrait constituer une explication. Les courants océaniques, s'opposant aux vagues poussées par le vent, créeraient un embouteillage favorisant la montée de l'eau.

Mais les vagues scélérates apparaissent même là où les courants sont absents. En général, elles surviennent plutôt par mer forte et vent violent. Les vagues jeunes fraîchement levées, de grandes longueurs d'onde et particulièrement raides, rattraperaient les vagues plus anciennes et plus lentes, d'où un effet d'empilement. Cependant le phénomène a été également observé lors d'accalmies. Le vent limite généralement l'élévation des vagues en les faisant déferler et en dissipant leur énergie. Lorsqu'il tombe, plus rien ne s'oppose à ce que certaines vagues enflent démesurément.

Les photographies prises par satellites incitent à une approche bidimensionnelle, montrant des superpositions de vagues se propageant dans des directions différentes. Ces observations concordent avec les simulations les plus récentes selon lesquelles il ressortirait que deux vagues de trois mètres se rencontrant à quarante-cinq degrés pourraient créer une vague de dix mètres, en l'espace de dix minutes. La théorie de la houle classique a longtemps nié l'existence de vagues dont l'amplitude dépasserait la somme des amplitudes de leurs composantes. Cette théorie se base sur l'approximation dite linéaire des équations de la mécanique des fluides, valable uniquement pour de « petits » mouvements. Dans la réalité, la hauteur de la vague joue et pas seulement sa longueur d'onde.

Les physiciens planchent à présent sur les théories non linéaires. Le mathématicien Al Osborne, spécialiste de la dynamique non linéaire dans les fluides, a suggéré que les vagues scélérates appartiendraient à la catégorie des *solitons*. Ces ondes solitaires se propagent sans déformation dans des milieux non linéaires, ignorant les lois classiques de la dispersion[1]. Les chercheurs ont proposé une équation d'onde du type de l'équation de Schrödinger, laquelle rend compte de la création de particules en mécanique quantique. Le comportement non linéaire de la propagation des vagues ferait que la vague apparaîtrait dans un train de houle et volerait de l'énergie aux vagues voisines qui s'amenuiseraient.

1. L'ingénieur écossais John Scott Russel avait déjà observé une vague solitaire en 1844, le long de l'Union Canal, près d'Édimbourg. L'arrêt brutal d'une barge avait produit une vague importante, qui s'était propagée pendant plusieurs kilomètres sans perdre de sa force ni de sa vitesse.

Existe-t-il des vagues sous-marines ?

Habituellement, les mouvements de l'eau sous la surface ne gênent en rien les navigateurs. Par le passé néanmoins, les marins ont observé qu'en certaines circonstances leurs navires refusaient d'avancer, indépendamment de la vigueur des rameurs, de la force du vent ou de la pression de la vapeur. De telles « eaux mortes » étaient fréquentes dans les fjords et les mers gelées de Scandinavie. L'explorateur norvégien Fridtjof Nansen relatait avoir été ainsi bloqué avec son navire, le *Fram*, alors qu'il approchait de la banquise.

Les Anciens en attribuaient la cause à un petit poisson doté d'une force prodigieuse, le rémura, qui pouvait se fixer par une ventouse sur la coque des navires. Ce fut l'océanographe suédois V.W. Ekman qui découvrit la clé de l'énigme. Il savait que les eaux des fjords sont stratifiées : une fine nappe d'eau douce provenant des rivières et de la glace fondante flotte au-dessus de l'eau de mer, beaucoup plus dense. Exactement comme les vagues ordinaires se forment à l'interface entre l'air et l'eau, des vagues sous-marines peuvent naître à la limite commune des deux couches d'eau, sous l'effet d'une perturbation. En pénétrant dans la masse d'eau salée sous-jacente, la partie inférieure du navire génère des trains d'ondes sous-marines à la surface de séparation, qui entravent sa progression. En augmentant la puissance des moteurs, le bâtiment ne fait qu'augmenter l'amplitude des vagues, sans accroître la vitesse.

De nos jours, ce type de vagues n'est plus un obstacle à la navigation, les navires étant capables d'aller beaucoup plus vite. Mais on sait aussi que des vagues sous-marines peuvent affecter les océans à de grandes profondeurs, atteignant des amplitudes d'une centaine de mètres et des longueurs d'onde de plusieurs kilomètres. Elles ne se propagent pas seulement le long de plans horizontaux séparant des couches d'eau stratifiées. Certaines d'entre elles se déplacent le long de plans plus ou moins verticaux séparant des masses d'eau de densité différente circulant côte à côte. Quand la profondeur n'excède pas quelques centaines de mètres, ces vagues énormes provoquent des modifications visibles à la surface sous forme de longs rubans brillants parallèles aux crêtes. Tout ce qui flotte — algues, détritus, plancton — a tendance à s'y regrouper. Indices visibles des zones de convergence qui se développent entre chaque vague sous-marine, de tels rubans révèlent d'intenses turbulences sous-marines.

Pourquoi les vagues se brisent-elles à l'approche du rivage ?

La vitesse de propagation de la houle augmente avec la profondeur de l'eau. En pleine mer, les crêtes et creux des vagues vont à la même vitesse car leur différence de hauteur est négligeable devant la distance qui les sépare du fond. À l'approche du rivage, il n'en est plus de même : la partie supérieure de la vague va plus vite que la partie inférieure, freinée par la proximité du fond. La vague bascule alors vers l'avant et libère l'énergie qu'elle transportait.

Généralement, une vague se brise quand la profondeur de l'eau atteint une fois et demie sa hauteur. De l'air est emprisonné lorsque la vague éclate et le brassage qui en résulte permet à l'eau de se réoxygéner.

Hawaï est considérée comme le berceau et le temple du surf à cause de ses fonds en pente douce. Dans le cas d'une pente abrupte, la vague casse aussitôt.

Et pourquoi arrivent-elles parallèlement au rivage ?

Pour la même raison que précédemment : à cause de la variation de la vitesse avec la hauteur d'eau. Si les vagues arrivaient obliquement, les premières venues verraient leur vitesse diminuer et se feraient rattraper par les autres.

Vagues à l'approche du rivage

Peut-on calmer la mer avec de l'huile ?

Dans une lettre intitulée *Oil on the waters*, Benjamin Franklin (1706-1790) expose ses idées et ses expériences autour du problème de l'huile sur l'eau.

Franklin avait lu avec intérêt les comptes rendus de Pline l'Ancien sur une pratique de son temps, qui consistait à calmer les vagues dans une tempête en versant de l'huile dans la mer. Franklin fit une première expérience à Clapham, au sud de Londres. Il versa un peu d'huile, l'équivalent d'une cuillère à thé, sur une grande mare agitée par le vent. L'huile se répandit rapidement, mais n'eut pas l'effet souhaité. L'huile avait été versée sur le côté de la mare, sous le vent, où les vagues sont plus grandes, et le vent la ramenait vers le rivage. Franklin réitéra son expérience, sur le côté au vent, là où les vagues commençaient à se former. Cette fois-ci le calme s'étendit graduellement jusqu'au côté sous le vent, rendant le quart de la mare aussi lisse qu'un miroir.

Les particules d'huile se repoussent mutuellement. Comme elles n'ont aucune affinité pour l'eau, elles s'étendent et empêchent le contact direct de l'eau avec l'air. Si le vent frotte sur l'eau et peut soulever les vagues, il glisse sur l'huile et produit un effet très atténué. On évite la friction comme lorsqu'on huile les différentes parties d'une machine.

Franklin espérait éviter les naufrages avec une technique permettant d'assurer un débarquement sur une plage dans de bonnes conditions de sécurité. Son idée était qu'en naviguant par des allers et retours à quelque distance d'une plage sous le vent et en versant continuellement de l'huile dans la mer, on pouvait atténuer les vagues avant qu'elles n'atteignent le rivage. Préparée à Portsmouth, l'expérience échoua. Si les passagers de la chaloupe purent observer une étendue d'eau lisse sur toute la distance où la barque versait l'huile qui s'étendait, aucune différence concrète ne se manifesta quant à la hauteur et à la force de ressac au niveau du rivage. Ce qui était normal car, à cet endroit, ce n'était plus le vent qui faisait se briser la vague.

Reproduite par Rayleigh, l'expérience de Franklin est restée dans les annales comme méthode de détermination du diamètre des molécules d'huile. Connaissant la densité et la masse de liquide répandu, et donc son volume, la mesure de la surface couverte donne l'épaisseur du film. En supposant celui-ci monomoléculaire, on en déduit la grandeur recherchée.

Pourquoi la mer est-elle salée ?

C'est une très vieille histoire, qui remonte à près de quatre milliards d'années. À l'époque, la Terre est le siège d'une activité volcanique intense, qui libère de la vapeur d'eau, du gaz carbonique et d'autres composés à base de soufre et de chlore. Lorsque la Terre commence à se refroidir, quelque cent milliards d'années plus tard, la vapeur d'eau se condense. Elle retombe sous forme de pluies, qui sont fortement acides, car l'eau s'est combinée au gaz carbonique et au dioxyde de soufre. Il en résulte une attaque des roches de la croûte terrestre et la dissolution des minéraux qu'elles contiennent, que les rivières et les fleuves transportent par ruissellement jusqu'à la mer où elles se concentrent.

Selon une autre théorie, la vapeur d'eau se serait condensée en un océan qui aurait arraché des éléments aux fonds sous-marins. Certaines espèces sont également injectées dans les mers par l'activité volcanique sous-marine, notamment au niveau des dorsales océaniques. L'eau de mer pénètre la croûte océanique à ce niveau et sa composition se modifie.

Si l'eau de mer contient des traces de presque tous les éléments chimiques naturels présents sur la Terre, y compris de métaux précieux et d'uranium, son principal constituant reste le chlorure de sodium ou sel de cuisine. Les ions sodium proviennent de l'altération des roches précédemment évoquées. Quant aux ions chlorure, ils auraient été apportés par les retombées volcaniques primitives, par le déluge consécutif à la période volcanique, ou le dégazage de l'intérieur du globe.

La salinité moyenne de l'eau, un nombre sans dimension mais correspondant à des grammes par litre est de l'ordre de 35 (34,78 très exactement pour l'Océan Mondial). Dans l'océan ouvert, les salinités varient dans des limites étroites, de 33 à 37. Les eaux de surface les plus salées occupent les latitudes tropicales, où l'évaporation est intense et les pluies sont rares. Les eaux les moins salées se rencontrent plutôt aux hautes latitudes. Dans les mers semi fermées, qui jouent le rôle de bassins de dilution ou de concentration, les valeurs varient dans un spectre plus large : moins de 10 en Baltique, 13 en Caspienne, de 36 à 39 en Méditerranée et dans le golfe Arabo-Persique, de 40 à 42 en mer Rouge. En mer Morte, la salinité est de l'ordre de 270. Quant au lac Assal, le plus salé du monde et le plus bas d'Afrique, il affiche 348. Il y a une trentaine d'années, les avions allaient jusqu'à se poser sur sa banquise de sel !

Les principaux constituants de l'eau de mer

Ions	Teneur (en g par litre)
Chlorure	19,5
Sodium	10,5
Sulfate	2,6
Magnésium	1,3
Calcium	0,4
Potassium	0,38
Bicarbonate	0,14
pH	7,5 à 8,4

La teneur en sels minéraux de l'eau de mer est proche de celle du sang. En 1906, René Quinton sauve des milliers d'enfants atteints du choléra en leur transfusant de l'eau de mer.

Une question peut en cacher une autre

La composition de l'eau de mer a-t-elle évolué ?

Bien qu'essentiellement constitués d'eau douce, les fleuves apportent quand même deux milliards de tonnes par an de sodium, magnésium, calcium et potassium, issus de l'érosion des roches, silicatées notamment. De quoi faire doubler la salinité de l'eau en quelques dizaines de millions d'années ! Or, dans les océans, dont le volume change peu, la salinité est restée stable depuis l'ère primaire. Les apports de sels minéraux par ruissellement et les départs par sédimentation s'équilibrent donc. Les ions calcium sont piégés par les calcaires et les ions potassium par les argiles. Les ions chlorure sont dans l'Océan et n'en bougent pas. Quant aux ions magnésium et sodium, ils sont pompés au niveau des dorsales océaniques et pénètrent dans les failles sous-marines de la lithosphère.

D'où vient l'écume de la mer ?

Du brassage de l'eau consécutif aux turbulences créées par le vent ou au déferlement des vagues se brisant à leur arrivée sur le rivage. Des bulles se forment à cette occasion, dont le rassemblement constitue l'écume.

D'origine « minérale », celle-ci ne doit pas être confondue avec les manifestations d'une bactérie, un être unicellulaire vivant en colonies, *Phæocystis globosa*, qui se développe au printemps dans la mer du Nord et la Manche en particulier, et dont les restes parviennent jusqu'à nos côtes sous forme de mousse jaunâtre.

Une question peut en cacher une autre

Pourquoi l'écume est-elle blanche ?

Pour la même raison que les nuages, à cause de la diffusion dite de Mie.

Les bulles d'air dans l'eau se comportent vis-à-vis de la lumière de la même manière que les gouttes d'eau en suspension dans l'air. Les rayons des bulles varient de quelques fractions de longueurs d'ondes lumineuses à quelques millimètres. Selon leur taille, elles rediffusent telle ou telle radiation, mais comme elles sont nombreuses et que les directions d'émission sont aléatoires, la lumière résultante est perçue comme blanche.

Des reflets colorés peuvent néanmoins apparaître, en fonction de l'angle d'observation. Ils résultent non pas de la diffusion de la lumière mais de phénomènes d'interférences au niveau des fines parois des bulles.

L'eau réfléchit-elle la lumière ?

La proportion de lumière réfléchie par l'eau, ou albédo, dépend de la direction des rayons lumineux. L'eau réfléchit davantage la lumière qui arrive sous incidence oblique. C'est la raison pour laquelle les paysages ne se reflètent qu'en eau calme, lorsque l'éclairage est rasant ou que l'on prend du recul. La présence de vaguelettes change en permanence l'angle d'incidence de la lumière et le paysage devient flou.

Lac Miroir (Hautes-Alpes)

La neige, quant à elle, diffuse la lumière plus qu'elle ne la réfléchit. Les cristaux de neige ont une orientation aléatoire et renvoient la lumière dans toutes les directions et non dans une direction privilégiée. La glace, en revanche, est plus lisse d'où un albédo supérieur.

La mer est-elle l'unique responsable du recul des falaises ?

Contrairement à une opinion très répandue, le recul des falaises peut résulter d'une érosion plus continentale que maritime. La preuve : il existe des falaises le long des rivières, comme en Dordogne, ou en bordure des massifs calcaires montagneux, comme dans le Verdon.

L'aiguille d'Étretat et la porte d'Aval

Par son travail de sape, la mer complète le travail du gel et l'action chimique des eaux de pluie qui s'infiltrent dans le sol. En hiver, l'augmentation de volume due au gel crée une très forte pression, qui provoque l'éclatement de roches poreuses comme la craie. Il en résulte un effondrement des zones en limite de falaise, une formation de cavités, de rainures, d'encoches horizontales, attribuées à tort à l'action des vagues.

Dans le sol, sous couvert végétal, l'altération chimique est intense. La dissolution du calcaire forme des cavités dans lesquelles s'accumulent des matériaux insolubles. Ces poches se vident parfois dans la mer : c'est l'érosion karstique.

L'aiguille d'Étretat (qui n'est pas creuse, n'en déplaise à Arsène Lupin), s'est formée suite au déblaiement par la mer des produits de remplissage des cavités karstiques et à l'effondrement d'une arche qui la reliait au continent. Sa forme pointue facilite l'écoulement des eaux de pluie et offre une prise moindre à l'érosion. La stabilité de l'aiguille est remarquable, comme l'attestent des représentations datant du Ve siècle de notre ère.

Comment réveiller un geyser paresseux ?

Dans les régions volcaniques, les eaux de pluie qui s'infiltrent dans le sous-sol se réchauffent à proximité du magma. De gigantesques marmites souterraines se créent, qui évacuent l'eau sous forme de geysers. Dans certains cas, l'eau reste liquide alors même que la température excède la température d'ébullition. Dans cet état, dit métastable, la moindre perturbation suffit à la faire bouillir et à déclencher sa remontée. À Operishola, en Islande, on provoque la brusque ébullition de l'eau surchauffée en insufflant quelques bulles gazeuses dans le conduit du geyser ou des particules étrangères comme de la poudre de savon ou du détergent, qui diminuent la cohésion entre molécules d'eau.

Un phénomène analogue s'observe dans la vie courante lorsque l'on chauffe de l'eau dans une casserole. La température peut très bien dépasser les 100 °C et l'eau rester liquide. Il suffit alors de jeter quelques grains de sel dans l'eau pour la voir bouillir brusquement.

La planète Terre, berceau de la vie

CHAPITRE IV

L'EAU ET LE VIVANT

La vie n'est guère que l'eau organisée.

Paul Valéry.

Pourquoi la vie est-elle apparue dans les océans ?

Il semblerait bien que le passage de la matière à la vie se soit effectué dans l'eau, il y a de cela un peu plus de quatre milliards d'années.

À cette époque, l'eau a dissous une partie du gaz carbonique, responsable de l'effet de serre, et la température des océans passe en dessous de 80 °C. Un certain nombre de molécules errantes s'organisent en petits automates chimiques capables de générer de nouvelles structures à leur image, qui vont évoluer suite à de légères erreurs de montage.

L'eau est un excellent solvant et la phase liquide est le meilleur environnement pour la diffusion et l'échange des molécules. En phase solide, les molécules se déplacent difficilement et la phase gazeuse est trop peu dense. Par ailleurs, l'eau produit des argiles par altération de silicates de la croûte terrestre. Leur structure ordonnée et leur grande capacité d'absorption leur permettent de piéger et concentrer les molécules organiques afin de servir de matrice à la polymérisation. Dès la seconde moitié du XXe siècle, de nombreuses expériences de chimie prébiotique ont été menées avec succès en présence d'argiles.

De fil en aiguille, des organismes unicellulaires, de minuscules bactéries, apparaissent, un milliard d'années après la formation de la Terre. Et pendant les deux à trois milliards d'années qui suivent, la terre ferme reste stérile, alors que la vie animale aquatique prospère. Au sol, il n'est pas toujours facile de s'approvisionner et les êtres vivants courent le risque de se dessécher. Dans les océans, en revanche, l'eau, essentielle à toute forme de vie, est toujours présente. Sur les continents, les variations de température peuvent être impressionnantes.

Dans les océans, la température ne varie que très lentement d'un jour à l'autre, et même d'une saison à l'autre, l'eau possèdant une grande inertie thermique. Sa capacité calorifique élevée lui permet d'emmagasiner ou de restituer une quantité de chaleur importante, sans fluctuation notable de température. De plus, l'eau constitue un écran contre les rayonnements ionisants et protège les grosses molécules qui participent aux processus biologiques et sont particulièrement vulnérables.

Pour terminer, la poussée d'Archimède due à l'eau annule en grande partie les effets de la gravité, de sorte que les poissons évoluent sans difficulté en 3D et que même une baleine de plusieurs dizaines de tonnes manœuvre sans difficulté. Les gros animaux terrestres sont en général plus petits que les gros animaux marins car ils ne peuvent se soustraire aux effets de la gravité. En quittant la vie aquatique pour la vie terrestre, évolution oblige, la grande majorité des créatures primitives se sont vues contraintes de se déplacer en 2D.

Peut-on vivre sans eau ?

Il y a quelque quatre cents millions d'années les organismes vivants ont colonisé la Terre, sans pour autant s'affranchir de l'eau qui reste leur principal constituant et la clé de leur survie. L'homme peut résister en brûlant toutes ses réserves de graisse et de sucre, mais une perte d'eau de 15 % s'avère fatale. Des malaises surviennent généralement vers 5 % et des hallucinations apparaissent autour de 10 %. Un adulte moyennement constitué peut rester plus d'un mois sans manger mais ne peut se passer d'eau plus de trois jours.

L'eau est le produit ou le réactif de réactions biochimiques comme la photosynthèse et la respiration. Elle sert de milieu réactionnel pour tout le métabolisme, son important pouvoir solvant lui permettant d'abriter une chimie extrêmement fine.

L'eau constitue la majeure partie des organismes vivants. L'intérieur des cellules, comme le milieu dans lequel elles baignent, sont des solutions aqueuses. Les teneurs des substances dissoutes s'ajustent pour maintenir une pression osmotique sur la membrane séparant l'intérieur et l'extérieur de la cellule, ce qui permet les échanges vitaux.

L'eau assure le transport, via le sang et la lymphe, d'un certain nombre de composants indispensables aux cellules. Sa fluidité et son pouvoir solvant à l'égard de substances vitales comme l'oxygène, le dioxyde de carbone, les sels minéraux, le glucose, les acides aminés et les vitamines permet leur distribution à tout l'organisme. Elle rend possible la digestion grâce aux enzymes qu'elle transporte, qui rompent les grosses molécules des aliments et les transforment en molécules simples capables de traverser la barrière des muqueuses intestinales.

L'eau maintient constants le volume du sang et du liquide lymphatique, fournit la salive et sert de lubrifiant aux articulations, elle irrigue les tissus et donne sa souplesse à la peau. Elle permet l'élimination des déchets métaboliques et aide au maintien d'une température constante à l'intérieur du corps humain. Son rôle dans la régulation thermique demeure essentiel. L'eau qui circule dans le corps doit être renouvelée car les pertes quotidiennes dépassent les deux litres, l'élimination s'effectuant par voie urinaire (de 1 à 1,5 litre par jour), fécale (de 0,1 à 0,2 litre), pulmonaire (un demi-litre en moyenne) ou cutanée (d'un demi-litre à 1 litre).

Quel est le pourcentage d'eau dans le corps humain ?

Le corps humain est constitué majoritairement d'eau. De 95 % environ pour un embryon de trois jours et de 75 % à la naissance, on passe de 70 à 60 % pour un adulte, voire 50 % pour une personne âgée.

Le sang, le cœur, les reins, les muscles, la peau et le cerveau ont une composition en eau qui frôle ou dépasse les 80 %. Les os renferment moins de 25 % d'eau et l'ivoire des dents moins de 2 %.

La teneur en eau est habituellement moins élevée chez la femme que chez l'homme, les muscles de ce dernier étant généralement plus développés.

Dans le règne animal, la méduse est faite d'eau à 95 %, alors que des insectes comme la fourmi n'en renferment que 10 %

Pourquoi se déshydrate-t-on dans l'eau de mer ?

C'est une question d'osmose. Dans les tissus vivants, les membranes laissent passer les molécules d'eau tout en restant imperméables aux molécules des substances qui y sont dissoutes. L'organisme, qui a absorbé une certaine dose d'eau de mer, non seulement n'en alimente pas les liquides interstitiels mais, au contraire, restitue avec l'urine de l'eau prise aux tissus, de manière à réduire la concentration de l'eau ingérée. Boire de l'eau salée déshydrate et abîme les reins qui, ne pouvant pas secréter d'urine à pression osmotique supérieure à celle qui règne dans les tissus, fonctionnent dans de mauvaises conditions et peinent à éliminer les déchets.

Seule solution pour des naufragés sur une île déserte : consommer du poisson, car les poissons de mer absorbent l'eau et rejettent le sel !

Une question peut en cacher une autre

Les poissons d'eau douce supportent-ils l'eau salée ?

Les poissons d'eau douce s'acclimatent difficilement à l'eau salée et les poissons de mer supportent mal l'eau douce.

Un poisson d'eau douce placé sans transition dans l'Océan aura tendance à rejeter de l'eau et à se déshydrater. Au contraire, un poisson de mer transféré en eau douce aura tendance à absorber de l'eau et à augmenter de volume. Lors de leur remontée dans les fleuves, les saumons urinent cent fois plus que dans la mer, afin d'évacuer le trop plein d'eau.

Pourquoi l'eau douce fait-elle mal aux yeux ?

À cause d'un phénomène d'osmose, ici encore. L'eau circule de manière à égaliser les concentrations des milieux situés de part et d'autre des membranes cellulaires de la cornée.

Quand on ouvre les yeux dans de l'eau douce, moins chargée en substances dissoutes que les cellules cornéennes, les molécules d'eau pénètrent dans l'œil pour tenter de diluer le suc cellulaire. C'est le passage de l'eau qui crée la sensation douloureuse. En cas d'entrée d'eau douce dans les poumons, l'osmose crée un œdème pulmonaire.

Dans l'eau de mer, l'impression est moins vive car la concentration en sels dissous est du même ordre que dans les cellules cornéennes. Le phénomène d'osmose n'a presque pas lieu. Le sérum physiologique utilisé pour nettoyer les yeux des nourrissons affiche une concentration en chlorure de sodium voisine de celle de l'eau de mer, de manière à éviter tout traumatisme oculaire.

Pourquoi voit-on trouble dans l'eau ?

Pour la même raison qu'une photo est floue lorsque la mise au point est déficiente.

Un appareil photo renferme une lentille qui dévie les rayons lumineux en provenance de l'objet ciblé et les rassemble pour donner une image. Le réglage optimal consiste à faire coïncider le plan de la pellicule (ou du capteur) avec celui de l'image. Le cristallin de l'œil et la cornée jouent le même rôle que la lentille de l'appareil photo et la rétine fait office de capteur.

La lumière ne subit pas la même déviation en passant de l'eau à l'œil qu'en passant de l'air à l'œil. Les propriétés optiques de l'eau et de la cornée étant très proches, les rayons lumineux sont beaucoup moins déviés dans le premier cas. L'œil perd de sa convergence et l'image se forme en arrière de la rétine, d'où une impression de flou, la perception cérébrale n'étant plus nette.

L'œil humain possède un certain potentiel d'accommodation, insuffisant toutefois pour corriger le décalage engendré par le changement de milieu de fonctionnement. Sous l'eau, un individu normal se retrouve hypermétrope de 42 dioptries, ce qui est considérable. Et même la personne affligée d'une forte myopie verra sa vision altérée.

La correction de vision par masque crée une interface eau/air/cornée, qui rétablit le pouvoir convergent de l'œil. Avec quand même quelques inconvénients : une réduction du champ visuel de 170 à 100° environ, entraînant la nécessité de tourner la tête, et une modification de l'appréciation des distances et de la taille des objets, qui paraissent plus proches et plus gros, tout en étant légèrement déformés.

Il existe toutefois des lentilles de contact pour apnéistes. Souples et de très gros diamètre, elles sont bifocales, c'est-à-dire qu'elles permettent une vision terrestre dans leur partie périphérique et sous-marine dans leur partie centrale. La correction se monte alors à 42 dioptries.

Une question peut en cacher une autre

Les poissons voient-ils trouble dans l'eau ?

Non car dame Nature a bien fait les choses. L'œil du poisson a été spécialement conçu pour fonctionner dans l'eau. La rétine du poisson est beaucoup plus proche du cristallin que celle de l'homme (sorti de l'eau, le poisson est myope et voit trouble au-delà d'un mètre de distance). En outre, l'œil du poisson est très bombé, ce qui accentue sa convergence et augmente son champ de vision.

Les poissons ont-ils un sixième sens ?

Oui. Ce sixième sens les tient informés en permanence des mouvements de l'eau provoqués par leurs congénères ou d'autres espèces aquatiques. Particulièrement visible sur des poissons comme la daurade, il est localisé sur la ligne latérale allant de l'opercule au pédoncule caudal et consiste en une série de canaux internes ouverts à l'extérieur par des pores. Ces canaux sont les sièges de récepteurs sensoriels qui réagissent aux variations de pression et aux déplacements de particules.

Pourquoi les baleines ne souffrent-elles pas du mal des caissons ?

Lors de la plongée, l'air resté dans les poumons passe dans le sang. Il se libère sous forme de bulles dans les vaisseaux sanguins si la remontée est trop rapide, occasionnant des malaises désignés sous le nom de « mal des caissons ». La baleine échappe à ce problème, d'abord parce que sa forte musculature lui permet d'évacuer pratiquement tout l'air de ses poumons avant de plonger, mais aussi parce que l'abondant revêtement lipidique de ses voies respiratoires lui permet de piéger l'azote qui a formé des clathrates avec l'eau, empêchant son passage dans le sang. Les clathrates (du grec *klathron*, fermeture, barrière) sont de petites cages polyédriques de quelques dizaines de nanomètres, constituées de molécules d'eau liées entre elles par des liaisons hydrogène. Elles peuvent retenir des molécules invitées de faible réactivité chimique, et même des gaz réputés inertes comme l'argon ou le krypton. Le chimiste américain Linus Pauling a expliqué l'action d'anesthésiques tels l'oxyde nitreux ou le chloroforme, par cristallisation de leurs hydrates. Les microcristaux formés abaisseraient la conductivité électrique du réseau nerveux. La diminution concomitante de l'énergie des oscillations électriques qui caractérisent l'état conscient mène de ce fait à la perte de conscience. Un processus analogue expliquerait l'hibernation.

Une question peut en cacher une autre

Comment se forment les clathrates ?

L'eau est une molécule polaire, capable d'effectuer des liaisons hydrogène. Au contact de substances non polaires, ce qui est le cas de l'azote de l'air, l'eau cherche à préserver ses quatre possibilités de liaisons hydrogène avec les autres molécules d'eau en se disposant à cheval sur les surfaces apolaires. Se forment ainsi de petites cages dont les sommets sont les molécules d'eau elles-mêmes et les côtés sont les liaisons hydrogène. Plus la pression est forte, plus le phénomène est marqué. Dès que la profondeur atteint quelques dizaines de mètres, l'azote se trouve piégé.

Pourquoi le canard ne sèche-t-il pas ses plumes ?

À cause de l'effet lotus, décrit au cours du second chapitre. Les plumes du canard sont super-hydrophobes et démouillent instantanément. L'agencement des plumes et la structure poreuse déterminée par l'entrecroisement des barbes et des barbules, reliées par de minuscules crochets, suffisent à expliquer l'étanchéité du plumage. L'eau ne rentre pas directement en contact avec la peau : entre la surface des plumes et le corps, se maintient une couche d'air qui assure l'isolation thermique et contribue à la flottabilité.

Par contre, si l'on répand du détergent à la surface de l'eau, on abaisse sa tension superficielle et on augmente son pouvoir mouillant. C'est la raison pour laquelle les plumes des oiseaux mazoutés perdent leur étanchéité.

Une question peut en cacher une autre

Les cormorans sèchent-ils leurs ailes ?

Cette croyance très répandue n'a été contredite que fort récemment, en 2005. Jusque-là, on pensait que l'imperméabilité du plumage des oiseaux provenait de la présence d'un film hydrophobe secrété par une glande spéciale, la glande uropygienne, située sur le croupion des volatiles. Les cormorans qui, contrairement aux canards et autres oiseaux plongeurs, étalaient leurs ailes au Soleil devaient souffrir d'un dysfonctionnement ou d'une atrophie de la glande uropygienne.

De fait, le cormoran n'a rien d'un oiseau archaïque et l'eau quitte son plumage aussi vite qu'elle y rentre. La partie centrale de la plume du cormoran, un quart environ de sa superficie, a la structure habituelle d'une plume d'oiseau : l'agencement des barbes et des barbules constitue une barrière pour l'eau. La partie périphérique de la plume, par contre, n'est pas étanche : les crochets manquent et les barbules ne sont pas reliées entre elles. Les cormorans possèdent donc un plumage interne étanche, mais un plumage externe perméable à l'eau.

Au cours de la plongée, le plumage du cormoran emprisonne trois fois moins d'air que celui du canard, ce qui lui permet de pénétrer dans l'eau sans avoir à battre des palmes ou des ailerons pour contrecarrer la poussée d'Archimède. Véritable sous-marin à plumes, le cormoran se débarrasse tout aussi bien de son air en début de plongée que de son eau lors de son envol ou lorsqu'il se retrouve sur terre.

La posture du cormoran qui étale ses ailes a une fonction digestive. Elle est destinée au réchauffement de son bol alimentaire, grâce à la chaleur produite par le travail de ses muscles alaires.

Pourquoi les poissons de l'Antarctique ne gèlent-ils pas ?

L'eau de mer se solidifie à – 1,9 °C et les cellules des poissons et autres espèces à sang froid, qui ne contiennent que peu de sels, devraient geler normalement à – 0,7 °C. Or il n'en est rien : les eaux antarctiques, les plus froides du monde, grouillent d'une vie intense, bien que frôlant le point de congélation. Une protéine antigel, dite AFP « type 1 », protégerait le poisson jusqu'à – 1,5 °C en se liant aux cristaux de glace qui se forment dans son corps. Plusieurs de ces protéines parviennent à recouvrir la surface entière d'un cristal, empêchant sa croissance en réduisant les liens possibles entre la glace et les molécules d'eau présentes dans les tissus du poisson. L'équipe du professeur Peter Davies de l'Université Queen's de Kingston (Illinois) vient de découvrir une seconde protéine, la protéine antigel plasma ou AFPs dont l'activité permet de gagner quatre dixièmes de degrés Celsius supplémentaires et donc d'atteindre les – 1,9 °C requis pour survivre. Cette protéine très active est détruite à température ambiante, ce qui explique sa détection tardive.

Les fameuses protéines éviteraient l'obturation des pipelines de gaz par les amas d'hydrates de gaz présents au fond de l'océan. Utilisées pour la conservation d'organes en vue de transplantation, elles préviendraient la formation de tumeurs. Et d'autres organismes (bactéries, plantes, insectes…) possèderaient des protéines antigel plus performantes encore !

Pourquoi le givre se forme-t-il sur le pourtour des feuilles ?

Les gelées nocturnes se trahissent par la formation de cristaux de glace sur le pourtour des feuilles ou sur les nervures saillantes, cristaux qui sont quasiment absents des surfaces planes.

Couronnes de givre

Le phénomène s'explique par la présence d'une mince couche d'air invisible, appelée couche limite, qui se forme à la surface des petits objets, feuilles, rameaux, épines, lorsque l'air s'écoule à leur surface.

La nuit, la vapeur d'eau est constamment transférée depuis l'air vers la surface des plantes et s'y dépose sous forme de rosée ou de gelée blanche. La transformation directe de vapeur d'eau en cristaux de glace est la sublimation et aboutit à la formation d'une gelée blanche. Les conditions préalables à la formation de gelée blanche sont une température nettement négative et une forte humidité relative. Comme la gelée se forme lentement, contrairement au verglas, de belles aiguilles et plaquettes ont le temps de se constituer. Une observation attentive révèle d'ailleurs l'ébauche de cristaux à six branches.

Pour se déposer, l'eau doit d'abord traverser la couche limite, qui agit comme une paroi isolante et oppose une résistance d'autant plus grande qu'elle est épaisse. La couche limite commence à se former, toute fine, aux points où le vent rencontre la feuille, sur les surfaces exposées, les bords ou portions bombées du limbe ou les nervures saillantes, les dents, poils, et les épines. Plus les contours sont petits et saillants, plus ils ont de chance de servir de points de départ à une nouvelle couche limite. Et plus le vent s'avance, plus la couche s'épaissit, atteignant un à deux millimètres et faisant obstacle au dépôt de givre. La quantité de gelée déposée donne une idée de l'épaisseur de la couche limite.

Au cours de la nuit, des courants d'air à peine perceptibles se manifestent, qui n'ont pas de direction constante et soufflent tantôt d'un côté tantôt de l'autre. L'air s'écoule dans toutes les directions et le matin une couronne de givre recouvre la feuille.

Une question peut en cacher une autre

Rosée ou guttation ?

La rosée se forme de préférence sur les fines structures comme les fils des toiles d'araignée, qui piègent l'eau issue de l'atmosphère. Dans le désert de Gobi, en Mongolie, la population installe des rideaux de conifères aux endroits où souffle l'air marin, particulièrement chargé en humidité. Les arbres capturent l'eau, sous forme de gouttelettes, à la surface de leurs aiguilles et la conduisent au sol le long des troncs, ce qui permet de recueillir suffisamment d'eau pour une modeste activité agricole.

Dans le cas des brins d'herbe, intervient un autre phénomène : la guttation. La nuit, les plantes ferment leurs stomates, qui ont permis l'évaporation durant la journée. L'eau quitte alors la plante par d'autres structures, situées au sommet des brins d'herbe. L'eau de guttation vient donc de la plante elle-même et n'a rien à voir avec la rosée.

Rosée ou guttation ?

Pourquoi les plantes ont-elles des feuilles aussi variées ?

Les plantes transpirent. Un grand arbre peut perdre jusqu'à 500 litres d'eau par jour !

L'évapotranspiration sert à refroidir la plante tout comme la sueur régule la température des mammifères. Quand l'apport d'eau est suffisant, l'évapotranspiration joue pleinement son rôle et les feuilles restent fraîches. En revanche, quand le sol est desséché, les plantes plus chaudes que l'air ambiant cèdent de la chaleur par convection, à la manière d'un radiateur.

L'air cependant n'est pas toujours en mouvement et forme au contact de la plante une couche de saturation qui se réchauffe. Dans ce cas, la différence de température entre cette couche et la feuille tend à s'annuler ce qui réduit le refroidissement. La forme et les dimensions de la feuille déterminent l'importance de la couche limite : très mince sur les bords du limbe, elle s'épaissit vers le centre.

Contrairement aux petites feuilles ou à celles qui sont largement découpées, les grandes feuilles entières présentent une couche de saturation très épaisse et perdent peu de chaleur par convection. Les plantes qui poussent dans les lieux humides, les nénuphars par exemple, sont constamment alimentées en eau et exhibent généralement de larges feuilles. Les plantes sylvestres qui poussent à l'ombre, elles aussi, sont souvent pourvues des feuilles peu découpées. Les plantes des lieux secs et ensoleillés, en revanche, possèdent des feuilles divisées, parfois réduites à des épines. Parfois, les feuilles inférieures, davantage préservées de la chaleur, sont moins découpées que les supérieures.

Une question peut en cacher une autre

Pourquoi les plantes aquatiques n'ont-elles pas toutes des feuilles larges ?

Les plantes aquatiques ne craignent pas la sécheresse. Et pourtant un certain nombre d'entre elles possède des feuilles minces et découpées.

Ce paradoxe apparent s'explique par la nécessité qu'ont les plantes de capter le gaz carbonique nécessaire à leur photosynthèse. Dans l'eau, le gaz carbonique dissous, présent en faible quantité, diffuse cent mille fois plus lentement que dans l'air. Pour pallier cet inconvénient, dame Nature à augmenté la surface d'absorption de la feuille en la pourvoyant de structures longues, minces et plumeuses ou en forme de rubans.

Comble du raffinement : certaines renoncules aquatiques font preuve d'une adaptation particulière au milieu, l'hétérophyllie. Leurs feuilles flottantes, en contact direct avec l'air, sont ovales et larges alors que les feuilles submergées restent finement divisées.

Qu'est-ce qui fait monter la sève dans les arbres ?

La capillarité ne joue que dans une très faible mesure. Les plantes sont dotées d'un système complexe de pores et de longs canaux de xylème dont le diamètre est souvent inférieur au centième de millimètre. Les calculs ont montré qu'on ne dépasserait pas une cinquantaine de centimètres si la capillarité seule intervenait, alors que le sapin Douglas pompe l'eau à 60 mètres et *l'Eucalyptus regnans* à 115 mètres.

C'est le phénomène d'évaporation qui hisse l'eau à des altitudes supérieures. Les canaux de xylème sont remplis d'eau jusque dans les feuilles. Quand cette eau se dégage à l'état de vapeur par les stomates, petits orifices qui se trouvent en grand nombre à la surface des feuilles, la colonne d'eau se déplace vers le haut pour rester intacte. Les liaisons moléculaires assurent la cohésion de toutes les molécules d'eau en formant une chaîne sur toute la hauteur de l'arbre. Lorsque les feuilles rejettent l'eau, les liaisons moléculaires font monter d'autres molécules, qui remplacent les premières pour compenser les pertes dues à l'évaporation. L'effet d'aspiration de chaque stomate est infime, mais celui que produisent les dizaines de millions de stomates de toutes les feuilles d'un gros arbre suffit à élever l'eau au rythme de soixante mètres par heure.

La force élévatrice a toutefois ses limites. Dépassée une certaine hauteur, la poussée due aux forces de cohésion intermoléculaires ne parvient plus à équilibrer l'attraction de la pesanteur.

Une fontaine Wallace

Après la guerre de 1870, le philanthrope britannique Richard Wallace offrit à la ville de Paris cinquante « fontaines à boire » destinées à désaltérer la population.

CHAPITRE V

L'EAU QUE NOUS CONSOMMONS

Eau, tu n'as ni goût, ni couleur, ni arôme, on ne peut pas te définir, on te goûte sans te connaître.

Antoine de Saint-Exupéry
(Terre des hommes)

D'où vient l'eau potable ?

En France, l'eau potable est issue à 60 % des nappes aquifères du sous-sol et à 40 % des cours d'eau. En général, les eaux de surface doivent subir un traitement plus poussé que les eaux souterraines car elles n'ont pas subi de filtration naturelle en traversant le sol, comme lorsqu'elles ont été captées sous des dunes de sable par exemple. L'obtention d'eau potable à partir d'eaux de surface est donc plus onéreuse.

À Paris, la moitié de l'eau potable est pompée dans la Seine et dans la Marne. L'autre moitié provient de sources réparties dans un rayon de 150 km et situées majoritairement dans la partie sud de l'Île-de-France, dans les régions de Provins, Sens, Fontainebleau, Dreux... Des aqueducs et des canalisations étroitement surveillées dirigent les eaux potables issues des différentes unités vers les cinq réservoirs où elles sont stockées. La société publique d'économie mixte *Eau de Paris* assure la production, le traitement, le contrôle et la distribution des quelque 600 millions de litres consommés quotidiennement. Au niveau national, *Veolia Eau* (ex-Générale des Eaux), *Suez environnement* (ex-Lyonnaise des eaux) et la SAUR *(Société d'aménagement urbaine et rurale)* sont les trois sociétés qui opèrent sur l'ensemble du territoire.

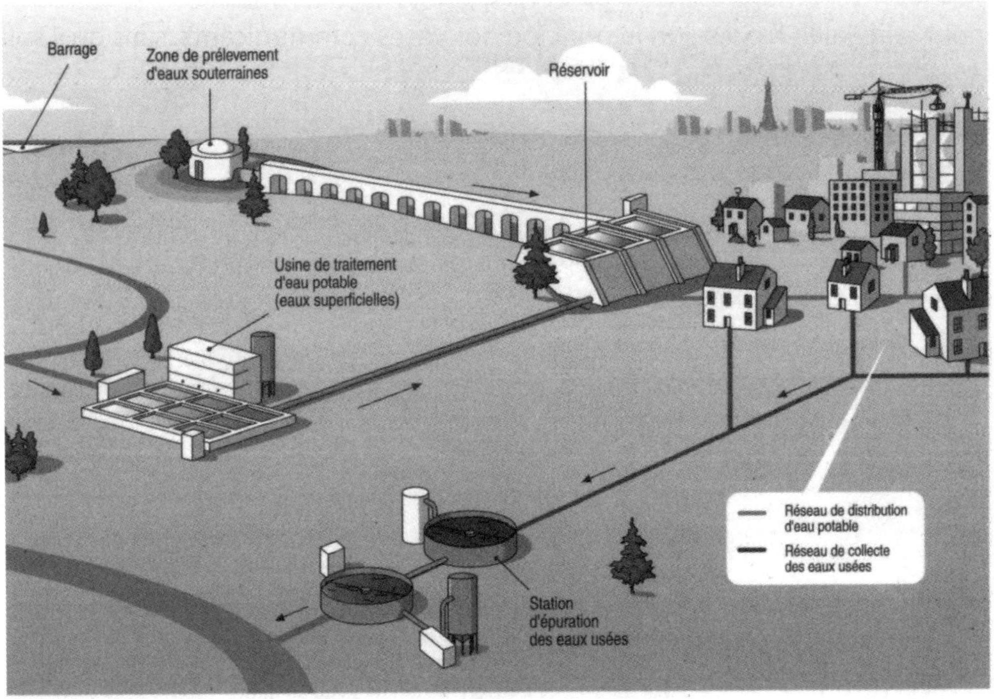

Schéma d'un réseau d'eau potable

Une question peut en cacher une autre

Comment connaître l'origine de l'eau du robinet ?

Une eau d'origine souterraine ne subit pas les variations de températures extérieures et reste donc à la même température d'un bout à l'autre de l'année, douze degrés dans la région parisienne. Une eau de surface, au contraire, est froide en hiver et chaude en été.

Qu'est-ce qu'un puits artésien ?

Les puits artésiens (les premiers en France ont été forés en Artois) sont des puits desquels l'eau jaillit spontanément lorsque l'on perce le toit d'une nappe captive, c'est-à-dire d'une réserve d'eau prise en sandwich entre deux couches géologiques imperméables, de l'argile par exemple. Lorsque la partie la plus haute de la nappe souterraine, qui définit le niveau piézométrique, se situe à une altitude supérieure à celle où l'on creuse le puits, la pression est suffisante pour faire jaillir l'eau selon le principe des vases communicants, sans qu'il soit nécessaire de la pomper.

La nappe artésienne des sables verts albiens, qui se trouve à plus de 600 mètres de profondeur sous Paris, est l'une des plus connues. Sa durée de renouvellement est de vingt mille ans. Elle affleure à une altitude de 130 mètres, à 200 km de la capitale, en Champagne. L'altitude au niveau de la Seine étant de 25 mètres, la pression correspondante est de plus de dix bars. Le puits le plus ancien, celui de Grenelle, fut foré dans cette nappe entre 1833 et 1841, sur les conseils éclairés de l'astronome François Arago et sous le contrôle de l'entrepreneur Mulot. Le 26 février 1841 à 2 h 35, l'eau jaillit à plus de 40 mètres au-dessus du sol, transformant la rue avoisinante en rivière. La charpente provisoire, établie dans le but de soutenir le tube ascensionnel, allait bientôt être remplacée par une tour en fonte pourvue d'un escalier en hélice. Jusqu'à sa démolition, en 1903, la tour du puits de Grenelle devait rester un des monuments les plus admirés de Paris. Sur son socle, au milieu de la place de Breteuil, s'élève à présent une statue de Pasteur.

Le puits artésien de Grenelle, haut lieu du tourisme parisien

Parmi les fontaines artésiennes encore en service dans la capitale, la fontaine du square Lamartine, initialement destinée à alimenter les lacs du bois de Boulogne. Les travaux de forage commencèrent en 1855, à l'initiative du préfet Haussmann, mais ne s'achevèrent que six ans plus tard, après de multiples avatars. Et, par la suite, des périodes de sécheresse et une consommation excessive devaient entraîner une baisse du niveau piézométrique, se traduisant par une chute de la pression et du débit. Rénové en 1994, le puits assure le plan de secours en eau de l'alimentation de la ville de Paris. La nappe de l'Albien revêt une importance stratégique considérable car elle est la seule à ne pas être contaminée en cas de pollution nucléaire (une exploitation partielle en avait toutefois été accordée à la société Château d'Eau, achetée par Danone en 2000, qui disposait de 21 000 m^3 par an, commercialisés sous forme de bonbonnes placées dans les lieux collectifs, de manière à renouveler le stock de sécurité).

Les puits artésiens fournissent aussi de l'eau dans les déserts chauds. L'eau qui provient des précipitations est acheminée dans les nappes captives et peut remonter des centaines de kilomètres plus loin, lorsqu'il existe une faille, comme dans certaines oasis. À l'échelle mondiale, une des plus importantes nappes artésiennes est la nappe du Sahara septentrional, dont les 31 000 milliards de m^3 (contre 425 milliards pour celle des sables verts) s'étalent sous l'Algérie, la Libye et la Tunisie.

Les sourciers : imposture ou réalité ?

Qui n'a jamais entendu parler des sourciers et de leur baguette permettant de détecter l'eau comme par magie ? De fait, aucune expérience définitive n'a permis d'établir clairement la possibilité de détecter l'eau par un procédé de ce type.

Les études menées par le professeur Yves Rocard méritent cependant l'attention. L'eau filtrant dans le sol dépose de petits cristaux magnétiques sur les parois des failles, ce qui aurait pour effet de modifier localement le champ magnétique terrestre. Le corps humain renferme lui aussi de petits cristaux de magnétite au niveau des articulations. Ces récepteurs internes seraient plus développés chez certains individus. La baguette de sourcier révélerait alors le tremblement provoqué par les variations du champ terrestre.

Des expériences sur le sujet demeurent difficiles à conduire et à répéter. Actuellement aucun résultat définitif n'est venu clore le débat.

Peut-on se fier à l'eau du robinet ?

L'eau du robinet est pompée dans les rivières ou captée dans le sous-sol. Dans le cas d'eaux souterraines, les captages doivent être protégés par deux périmètres au minimum. Le périmètre de protection immédiate, un terrain gazonné de quelques dizaines de mètres de rayon protégé par une clôture, entoure le captage et la station de traitement associée. Toute activité autre que l'exploitation de l'eau y est interdite. Quant au périmètre de protection rapprochée, il reste soumis à un cahier de charges très strict.

L'eau du robinet est probablement le produit alimentaire le plus contrôlé. L'OMS (Organisation mondiale de la santé) édicte régulièrement des normes, qui évoluent en fonction des progrès de la recherche en matière de santé. En Europe, les normes sont fixées par la Commission des communautés européennes et prennent en compte 54 critères, contre 6 en France à la fin du XIXe siècle. À l'échelle départementale, les DDASS (directions départementales des affaires sanitaires et sociales), placées sous la tutelle du ministère de la Santé, sont chargées d'organiser les contrôles, d'analyser et de centraliser les résultats. Les prélèvements sont effectués par des organismes publics ou privés, après appel d'offres, conformément aux directives européennes relatives à la mise en concurrence des services. Dans toutes les communes de plus de dix mille habitants, les résultats doivent parvenir annuellement à l'abonné. Dans les grandes agglomérations, plusieurs contrôles sont effectués quotidiennement. Les petits villages au contraire ne subissent que quelques contrôles par an.

Quels sont les critères de qualité ?

Ils ont été recentrés sur des impératifs sanitaires en décembre 2003 et le contrôle s'effectue à présent au robinet du consommateur et non plus uniquement en amont des installations privatives.

L'eau potable doit être exempte de germes pathogènes (bactéries, virus) et d'organismes parasites, qui présentent des risques sanitaires. Bien sûr, toutes les bactéries ne peuvent être éliminées. L'eau est un milieu vivant qui, en tant que tel, renferme une vie microbienne, mais qui doit rester inoffensive. Les analyses recherchent la présence de colibacilles (*Escherichia coli*) et de streptocoques fécaux (entérocoques), deux espèces de bactéries qui ont la qualité de germes précurseurs. Virus et bactéries pathogènes ne peuvent se trouver dans l'eau en leur absence. Leur présence, en revanche, constitue une présomption de contamination.

Parmi les substances chimiques toxiques, pudiquement qualifiées d'indésirables, on trouve les métaux lourds (le plomb, le mercure, le cadmium...) provenant de diverses industries mais aussi de pollutions domestiques ou de décharges d'ordures et de dépôts sauvages de ferrailles. Depuis 2003, les normes ont été durcies en ce qui concerne le plomb, l'arsenic et le nickel, mais assouplies pour des éléments comme le zinc et le cuivre, qui n'interviennent pas directement dans les processus physiologiques.

Dans le même temps, les contrôles de radioactivité, concernant le tritium notamment, sont devenus obligatoires, avec un seuil à 100 becquerels par litre (un becquerel correspond à une désintégration radioactive par seconde). Un taux de tritium plus élevé peut être le témoin de la présence d'autres radionucléides artificiels.

Aux substances toxiques précitées s'ajoutent les nitrates présents dans le lisier et les engrais, ainsi que les pesticides et autres produits phytosanitaires. La teneur globale d'une eau en pesticide ne doit pas dépasser 0,5 microgramme par litre et la teneur individuelle 0,1 voire 0,03 microgramme pour certains d'entre eux (aldrine, dieldrine, heptachlore et heptachloépoxyde). Le taux de chlorite, un composé dérivé du dioxyde de chlore, désinfectant souvent utilisé, a également été introduit parmi les facteurs de qualité.

Les normes sanitaires intègrent aussi des paramètres organoleptiques : l'eau doit être agréable à boire, transparente (même si une eau trouble n'est pas forcément polluée), de bonne odeur et d'un goût plaisant. Comme pour le vin, des « nez » sont recrutés : chaque jour des spécialistes habilités testent le précieux liquide.

L'eau, enfin, doit satisfaire à un certain nombre de critères physico-chimiques, concernant la température, le pH, la conductivité électrique... Le pH mesure l'acidité, laquelle doit se situer dans une fourchette allant de 6,5 à 8,5. Rappelons que le pH de l'eau neutre à 25 °C est de 7. Au-delà, l'eau est basique (ou alcaline) et en deçà, elle est acide.

Comment obtient-on de l'eau potable ?

Le réservoir de Montsouris (vue extérieure)

Après pompage, les eaux de surface destinées à la consommation humaine sont traitées étape par étape.

Des traitements physiques interviennent en premier, destinés à éliminer les matières en suspension qui pourraient détériorer les équipements. Après passage par des grilles, qui arrêtent les corps flottants et retiennent les gros débris, l'eau subit un dessablage et un débourbage qui enlèvent les particules minérales grossières et une partie des limons. Des tamisages et microtamisages éliminent les particules encore plus fines, jusqu'à quelques dizaines de micromètres.

Suit une préoxydation par le chlore, l'ozone ou le permanganate. Cette opération vise à clarifier l'eau en éliminant le fer et le manganèse présents, qui lui donnent une odeur désagréable, un goût métallique et une couleur rouille ou noirâtre. Elle élimine l'ammoniaque dont l'azote contribue au développement des microorganismes dans les réseaux et réservoirs de distribution. Elle casse aussi les longues chaînes carbonées des composés organiques lourds en donnant des composés plus facilement biodégradables. Elle maintient la propreté des installations en empêchant la formation d'algues.

À l'issue intervient une nouvelle étape de clarification. L'eau est acheminée vers des bassins de floculation où les impuretés en suspension sont rassemblées et agglomérées en flocons grâce à des réactifs adaptés, sels de fer ou d'aluminium. Suivent des bassins de décantation, où les boues migreront vers le fond avant d'être évacuées, et des séries de filtres constitués de lits de sable, en liaison avec des traitements

Le réservoir de Montsouris (vue intérieure)

chimiques plus ou moins poussés. L'évolution de la composition de l'eau, son degré d'oxygénation et son pH, c'est-à-dire son acidité potentielle, font l'objet de contrôles permanents d'un bout à l'autre de la chaîne.

La désinfection ou postchloration qui vient ensuite élimine les microorganismes pathogènes et contribue à maintenir un résiduel bactériostatique qui va protéger l'eau le temps de son transport jusqu'au robinet via les canalisations. L'ozone étant dépourvu d'effet rémanent, l'oxydant privilégié est le chlore. À ce stade, l'eau est consommable, mais on peut affiner la purification.

Actuellement, les recherches actives privilégient les traitements physiques : microfiltration par charbons actifs à Vigneux-sur-Seine, nanofiltration par ultramembranes à Méry-sur-Oise, selon la taille des structures, lesquelles s'échelonnent de quelques nanomètres à quelques dixièmes de micromètres. La nanofiltration retient même les virus et modifie la composition ionique de l'eau. L'eau obtenue est si pure qu'il convient parfois de la reminéraliser.

Dans le cas des eaux souterraines, qui ont subi une filtration naturelle, le traitement est généralement moins poussé.

Une question peut en cacher une autre

Qu'appelle-t-on charbons actifs ?

Les exigences croissantes relatives à la qualité des eaux et l'émergence de nouveaux polluants impliquent une large utilisation des charbons actifs dans les applications présentes et à venir. Les charbons actifs sont constitués de feuillets graphitiques enchevêtrés (modèle du papier froissé), dont les bords portent des hétéroatomes, azote ou oxygène. Sans danger pour la santé et l'environnement, ils présentent des surfaces spécifiques (1 000 à 1 500 m^2 par gramme) et des volumes microporeux très supérieurs à la plupart des autres matériaux, d'où des capacités de stockage substantielles.

Les charbons actifs sont des absorbants à large spectre. La plupart des molécules organiques se fixent à leur surface, ce qui permet l'élimination de composés présents à l'état de traces (quelques microgrammes par litre). Les charbons actifs absorbent également des composés minéraux et des métaux toxiques, en particulier le cadmium, cuivre, plomb, zinc, mercure à l'état de traces. Enfin, les traitements d'absorption par charbons actifs ne génèrent pas de sous-produits contrairement au traitement par oxydation. L'eau ultra-pure destinée aux laboratoires d'analyse, aux industries pharmaceutiques, aux usines d'électronique et aux traitements d'affinage sont obtenues grâce à ce procédé.

Quel est le prix de l'eau ?

En France, le prix du mètre cube d'eau est en moyenne de 3,01 euros, ce qui situe notre pays au cinquième rang en Europe, derrière le Danemark (4,53 euros), l'Allemagne (4,45 euros), la Belgique et les Pays-Bas (3,35 euros), mais devant le Royaume Uni (2,69 euros), la Suède (2,32 euros), l'Espagne (1,30 euro) et l'Italie (0,68 euro).

La moyenne française cache des disparités, de 1,98 euro à Clermont-Ferrand à 3,77 euros dans la proche banlieue parisienne. D'après les chiffres de 2005-2008, le mètre cube d'eau coûte en moyenne 3,14 euros dans le bassin Seine-Normandie, 2,81 euros dans le bassin Rhin-Meuse, 2,79 euros en région Rhône, Méditerranée, Corse (2,3 en Isère mais 3,11 en Saône-et-Loire) et 3,18 euros dans le secteur Loire-Bretagne.

Le prix est fonction du contexte hydrique, de la rareté et de la proximité des ressources ainsi que de la densité de population. L'approvisionnement est plus complexe à mettre en œuvre dans le cas d'habitations éparses et, dans les campagnes, le coût des analyses obligatoires se répartit entre un nombre de consommateurs plus faible.

En France, un litre d'eau du robinet revient entre cent et mille fois moins cher que l'eau en bouteille. Plus que le produit lui-même, il faut payer le conditionnement, le transport, la fabrication des bouteilles et la publicité des marques.

Ironie du sort : un habitant de Riad, qui consomme deux fois plus d'eau que nous, paye le mètre cube cent fois moins cher !

Une question peut en cacher une autre

Comment se répartit le prix de l'eau ?

Sur la facture, 40 à 50 % concernent la production et la distribution de l'eau, un peu plus de 30 % la collecte, l'évacuation et le traitement des eaux usées, et un peu moins de 30 % les taxes prélevées par les organismes publics pour la protection et l'entretien de la ressource en eau. Sous la rubrique redevances et taxes figurent la redevance « Lutte contre la pollution », versée aux Agences de l'Eau qui aident les collectivités à financer leurs investissements, la taxe versée aux « Voies navigables de France », lorsque l'eau est prélevée dans les rivières ou canaux navigables, et la TVA réduite de 5,5 %, reversée à l'État.

Pourquoi a-t-on abandonné les canalisations en plomb ?

Le saturnisme est l'intoxication par le plomb, métal largement employé dans l'industrie il y a encore peu de temps. Présent dans notre environnement, on en trouve dans les anciennes peintures et soudures, dans les cartouches de chasse (que les oiseaux avalent), dans les tuyauteries des vieilles habitations ainsi que dans les raccords reliant le réseau public aux habitations. Il peut alors se dissoudre dans l'eau.

Des historiens ont rendu le saturnisme responsable de la décadence de l'Empire romain. À l'époque gallo-romaine, la Bièvre, l'Orge et l'Yvette alimentaient en eau les habitations de Lutèce par des canalisations de terre cuite ou de plomb. Malléable, résistant aux déformations et au gel, le plomb a été longtemps le matériau privilégié des canalisations d'eau du réseau de distribution publique. La période de déclin de l'Empire romain a également coïncidé avec un usage excessif de vaisselle et de coupes en terre cuite et argent. Comme l'argent et le plomb étaient associés dans les mêmes gisements, les breuvages absorbés contenaient des quantités élevées de plomb. En confirmant une teneur atmosphérique en plomb minime avant l'ère industrielle, excepté durant une brève période correspondant à l'apogée de l'Empire romain, l'analyse des neiges polaires est venue étayer cette hypothèse.

Une partie du plomb ingéré avec l'eau traverse la muqueuse intestinale et passe dans le sang, pouvant, à fortes doses, induire dommages rénaux, troubles digestifs, anémie et lésions irréversibles du système nerveux. L'élimination salivaire du sulfure de plomb produit aussi un liseré bleuâtre sur le bord des gencives. L'intoxication aiguë se manifeste généralement pour un taux sanguin supérieur à 400 microgrammes par litre. Les nourrissons, les enfants et les femmes enceints constituent la population la plus vulnérable. En 1974, l'OMS (Organisation mondiale de la santé) recommandait de ne pas dépasser 50 microgrammes par litre, chiffre revu à la baisse à 25 microgrammes en 2003. Avec comme objectif dix microgrammes fin 2013, en vertu du principe de précaution maximale.

Si la Suède et le Danemark ont renoncé aux canalisations en plomb dès le XIXe siècle, le saturnisme sévissait encore chez nous à la fin du XXe siècle, lorsqu'une prise de conscience des pouvoirs publics amena à remplacer les canalisations en plomb par des conduites en acier, béton armé, fonte ou PVC. Depuis 1989, le plomb est interdit d'utilisation pour la distribution d'eau. Mais on le rencontre encore au niveau du raccordement des conduites, soudures et joints et dans les canalisations privatives, c'est-à-dire dans la partie du réseau interne aux immeubles (les réseaux de distribution publique s'arrêtent au compteur).

À Paris, 40 % des immeubles possédaient encore des canalisations au plomb à la fin du vingtième siècle. La recherche de plomb, en vue du remplacement des branchements anciens et de la réhabilitation des conduites d'ici 2013, constitue maintenant une obligation. Elle reste à la charge des propriétaires pour les canalisations intérieures aux habitations.

Une question peut en cacher une autre

Toutes les eaux ont-elles la même affinité pour le plomb ?

Il y a une dizaine d'années, l'eau du robinet était plus plombée qu'ailleurs dans la Creuse, la Corrèze, le Cantal, la Lozère, le Puy-de-Dôme, en clair dans les massifs granitiques comme le Massif armoricain ou les Vosges. L'eau faiblement minéralisée est acide et « solubilise » le plomb des canalisations. Les collectivités concernées ont réagi en reminéralisant l'eau de distribution et en déconseillant aux particuliers d'adoucir l'eau en dessous de 15 °F.

La teneur en plomb de l'eau du robinet augmente aussi avec la longueur des tuyaux et la durée de stagnation dans les conduites. De 0,45 microgramme par litre lorsqu'elle est fraîche, elle passe à 3,70 microgrammes au bout d'une heure, 6,15 microgrammes au bout de deux heures et 8,75 microgrammes au bout de cinq heures, pour une conduite de 8 mètres de long et de 15 millimètres de diamètre intérieur.

Les eaux chaudes stagnant dans les tuyaux sont particulièrement nocives. La vitesse des réactions chimiques augmentant avec la température, les eaux chaudes dissolvent et contiennent beaucoup plus de plomb que les eaux froides. Les risques pour l'homme s'avèrent deux fois plus important avec de l'eau à 25 °C qu'à 10 °C. Les services de santé préconisent donc l'emploi d'eau froide pour le nettoyage des aliments ou le lavage de dents.

D'où vient l'aspect laiteux de l'eau qui sort du robinet ?

Tout simplement de l'air qu'elle contient. L'eau qui arrive au robinet a été soumise à une pression de l'ordre de quatre bars, ce qui a eu pour effet d'augmenter la quantité de gaz dissous. Lorsqu'elle se retrouve à la pression atmosphérique, suite à une décompression brutale, elle s'échappe sous forme de petites bulles qui donnent au liquide un aspect laiteux. Il suffit d'attendre quelques minutes pour que tout rentre dans l'ordre.

Quelle est la pression de l'eau du robinet ?

Les châteaux d'eau ont envahi les paysages entre 1950 et 1970 et on en compte quelque seize mille en France métropolitaine, dont les capacités s'échelonnent de quelques centaines à quelques milliers de mètres cubes. Placés en hauteur, ils fonctionnent selon le principe des vases communicants et permettent, grâce à la seule action de la pesanteur, de disposer au robinet d'une pression suffisante, et ce à des kilomètres de distance. Il faut compter une variation d'un bar pour dix mètres de hauteur.

Château d'eau dominant les habitations de Montmartre

Les châteaux d'eau constituent aussi de précieuses réserves, permettant d'assurer la distribution d'eau pendant douze à vingt-quatre heures en cas de problème à la station de production d'eau. Ils jouent aussi un rôle de tampon, lorsque la consommation varie fortement.

En ville surtout, la grande majorité des réservoirs destinés à la distribution d'eau potable sont maintenant construits au niveau du sol, à moitié ou complètement enterrés. Il faut assurer la mise sous pression du réseau par des pompes puissantes, mais la technique est à présent bien rôdée. À Paris, la pression au bas des immeubles est en principe de quatre bars. Pour éviter qu'elle ne chute trop, indépendamment des excès de consommation, des relais et des pompes rééquilibrent la pression dans les étages supérieurs.

Pourquoi l'eau du robinet sent-elle le chlore ?

Le chlore, sous forme de chlore moléculaire, d'eau de Javel ou de dioxyde de chlore, est une arme de choix contre les germes pathogènes. Il évite la prolifération des bactéries et permet de lutter contre les épidémies liées à l'eau, qui sévissent encore dans certaines régions du globe, en Inde ou en Afrique, par exemple.

Les impératifs sanitaires ou la crainte d'attaques terroristes peuvent amener à augmenter sa teneur. À Paris, dans le cadre du plan Vigipirate, la quantité de chlore libre utilisée pour désinfecter l'eau a été portée à 0,3 milligramme par litre en moyenne (un milligramme par litre à New-York). Ce taux reste nettement inférieur à la limite de cinq milligrammes par litre, fixée par l'Organisation mondiale de la santé. Et, à l'arrivée au robinet, le chlore résiduel se monte à 0,1 milligramme.

Pour faire disparaître l'odeur, il suffit de laisser couler l'eau quelques instants, de la mettre au frais et de la laisser reposer. En ajoutant éventuellement quelques gouttes de jus de citron ou des feuilles de menthe.

Une question peut en cacher une autre

Quel désinfectant choisir ?

L'efficacité d'un désinfectant est liée à son pouvoir oxydant. Une désinfection est considérée comme efficace lorsqu'au bout d'une certaine durée subsiste dans l'eau à traiter une quantité suffisante d'oxydant. La vitesse d'inactivation des germes par les oxydants se quantifie : elle obéit à la loi de Chick-Watson.

L'ozone, le chlore moléculaire, l'ion hypochlorite (le principe actif de l'eau de Javel) et le dioxyde de chlore restent les principaux agents désinfectants.

Particulièrement puissant, l'ozone, que l'on a produit en soumettant l'air à un champ électrique, casse les molécules organiques en molécules plus petites, que les filtres retiennent plus facilement. Facile à éliminer, efficace contre nombre de microorganismes, virus compris, l'ozone ne laisse aucun arrière-goût à l'eau. Il agit sur le fer et le manganèse, mais pas sur l'ammoniaque. Il élimine les virus mais ne possède aucun effet rémanent, ce qui interdit son emploi dans la phase de désinfection finale. Par ailleurs, l'ozone produit également des bromates, réputés cancérigènes, à partir des bromures contenus dans l'eau.

Meilleur marché, le chlore est l'agent désinfectant le plus employé. Introduit sous forme de chlore gazeux ou d'ions hypochlorite (eau de Javel), il agit sur le fer, le manganèse et l'ammoniaque. Il assure un effet germicide durable et ses conditions d'emploi sont bien connues et maîtrisées. En revanche, il produit des composés organiques chlorés tels les trihalométhanes ou THM, qui donnent à l'eau un goût désagréable.

Bien que ne réagissant pas avec l'ammoniaque, le dioxyde de chlore, présente des qualités désinfectantes supérieures à celles du chlore. En revanche, c'est un gaz toxique qui forme des chlorates qui peuvent se réduire en chlorites, cancérigènes potentiels. Sa teneur est donc réglementée. De plus, sa mise en œuvre constitue un obstacle à son utilisation car, instable, il doit être préparé « in situ » avant emploi.

Le permanganate de potassium, plus coûteux, est utilisé avec les eaux brutes riches en fer et manganèse car plus efficace que le chlore sur les éléments métalliques. Sa cinétique de réaction est souvent un peu lente.

Qu'est-ce qu'une eau dure ?

C'est une eau riche en calcium et en magnésium, deux éléments particulièrement abondants dans l'écorce terrestre. Les eaux naturelles, de pluie exceptées, sont toutes plus ou moins dures, car le gaz carbonique qu'elles contiennent a attaqué les roches. Les sols calcaires et dolomitiques produisent des eaux plus dures que les sols granitiques ou sablonneux. Le climat intervient également : l'eau sera plus chargée en calcium dans les régions humides que dans les zones arides. L'abondance de gaz carbonique produit par les végétaux lui donne une acidité suffisante pour dissoudre le calcaire.

Dur de se laver lorsque l'eau est dure ! Le calcium et le magnésium empêchent le savon de mousser en précipitant ses composés actifs. Les composés obtenus s'infiltrent dans les tissus auxquels ils donnent une apparence grisâtre ou se déposent sur les parois des baignoires. Ils sont à l'origine du voile calcaire qui opacifie les verres qui sortent du lave-vaisselle et du tartre qui encombre les bouilloires. Celui-ci se dépose sur les parois des chaudières et les tuyaux des canalisations dès lors que l'eau atteint une température de 60 °C et perd son gaz carbonique. Le tartre étant un isolant, il faut alors dépenser davantage d'énergie pour chauffer l'eau et les installations perdent de leur efficacité. Pour cette raison, il est recommandé de régler son chauffe-eau entre 55 et 60 °C, et non au-delà.

Les problèmes de tartre sont plus fréquents lorsque l'appareil est installé à grande distance des points de prélèvement. En effet, chaque fois que l'on ferme le robinet d'eau chaude, il en reste une certaine quantité dans les tuyauteries, qui entraîne la formation graduelle de calcaire. Dès lors que le débit diminue, il est indispensable de procéder à un détartrage.

Dans des cas extrêmes, les dépôts se fissurent et l'eau entre directement en contact avec le métal, porté à une température anormalement élevée afin de compenser la baisse de conductivité thermique. Le fer réagit alors chimiquement avec l'eau, ce qui engendre un dégagement d'hydrogène, dont l'accumulation peut entraîner des explosions comme sur les bateaux à vapeur, avant l'utilisation systématique d'eau adoucie.

Une question peut en cacher une autre

Comment chiffre-t-on la dureté de l'eau ?

Par son titre hydrotimétrique (TH) : un degré français (1 °F) correspond à 4 mg de calcium (10 mg de carbonate de calcium) ou 2,4 mg de magnésium par litre. Une eau est réputée douce en dessous de quinze degrés français, moyenne entre quinze et trente-cinq, dure au-delà.

Comment fonctionne un adoucisseur d'eau ?

Il échange les ions calcium et magnésium des eaux dures contre des ions sodium ou potassium, qui ne forment que des composés solubles.

Un adoucisseur classique comporte un réservoir cylindrique rempli de billes d'une résine spéciale, plastique ou zéolite, chargée en ions sodium. Possédant une seule charge positive, ces derniers sont moins attirés par la résine négative que les ions calcium et magnésium qui en portent deux. Dès que l'eau dure pénètre dans le dispositif, le calcium et le magnésium prennent la place du sodium. L'eau qui quitte la résine est riche en ions sodium, mais a perdu de sa dureté.

Lorsque la résine est saturée en magnésium et calcium, il faut la régénérer. Le sel régénérant, majoritairement du chlorure de sodium, permet de refaire le plein en ions sodium. L'apport doit s'effectuer en grande quantité, de manière à ce que les ions sodium soient suffisamment nombreux pour déloger les ions calcium et magnésium qui sont ensuite éliminés. Les pastilles de sel retenues par une grille trempent dans une quantité d'eau maintenue constante par un flotteur. L'eau se sature rapidement en sel, est aspirée et traverse les bacs à résine. Un rinçage débarrasse ensuite la résine de sa saumure.

Les billes de résine baignent en permanence dans l'eau et un tel milieu poreux s'avère propice à la prolifération de micro-organismes. Tant que l'eau circule, il n'y a pas de problème, mais après toute absence prolongée l'eau devient stagnante et il convient de procéder à une régénération forcée avant réutilisation du système.

Une question peut en cacher une autre

Et les adoucisseurs magnétiques ?

Simples aimants à fixer sur le tuyau d'arrivée d'eau ou bobines délivrant une tension haute fréquence, leur fonctionnement reste le même. Le champ magnétique créé agit sur l'eau qui circule dans le tuyau, conductrice de par la présence de sels minéraux ou autres espèces dissoutes. Il se crée un courant induit qui électrolyse l'eau en formant des ions hydroxyde qui agissent sur les ions calcium et hydrogénocarbonate (bicarbonate), pour former des germes de tartre autour desquels le calcaire s'agglutine au lieu de se fixer sur les parois des canalisations. L'efficacité du système dépend beaucoup du débit d'eau.

Qu'est-ce qui différencie une eau de source d'une eau minérale ?

Les appellations d'eaux de source et d'eaux minérales sont strictement réglementées en Europe.

Issues de nappes d'eaux souterraines non polluées, protégées des rejets liés aux activités humaines, les eaux de source sont naturellement propres à la consommation. Toutes répondent à la législation des eaux potables, comme l'eau du robinet : contrairement aux États-Unis où les eaux peuvent être traitées chimiquement, les seuls traitements autorisés sont l'aération, la décantation et la filtration, ce qui permet d'éliminer des éléments instables comme les gaz dissous, le fer et le manganèse. Les eaux de source sont généralement consommées à l'échelle régionale, le transport engendrant un surcroît de coût non négligeable. Il existe en France une centaine de sources de ce type, dont la composition peut varier au gré des saisons. Les eaux de source, enfin, peuvent provenir de plusieurs émergences, ce qui n'est pas le cas des eaux minérales.

Les eaux minérales sont des eaux de source bactériologiquement saines, leur origine souterraine les préservant a priori de tout risque de pollution. Leur composition est généralement constante. Elles peuvent renfermer des oligo-éléments et leur teneur en sels minéraux, qui leur confère parfois des vertus particulières, échappe à la législation de l'eau du robinet. Contrairement aux eaux de source, leurs vertus thérapeutiques sont estampillées par l'Académie Nationale de médecine et le ministère de la Santé. Elles peuvent donc être prescrites en traitement préventif ou utilisées comme moyen thérapeutique, en cures thermales par exemple. Exemptes de traitement, elles voyagent beaucoup et s'exportent volontiers. Il existe un millier de sources en France et environ soixante-dix marques. La France s'inscrit comme deuxième consommateur mondial d'eaux minérales, après l'Italie, les Émirats lui disputant cette place pour l'eau embouteillée, toutes catégories confondues.

Les eaux de table, pour terminer, sont rendues propres à la consommation par traitement et répondent à la législation des eaux potables, tout comme l'eau du robinet. Leur origine est indifférente et leur composition peut varier.

Les eaux minérales sont-elles toujours minéralisées ?

En France, certaines eaux minérales sont bien moins minéralisées que les eaux de source. Selon les marques, les teneurs en sels minéraux affichées varient de dix-neuf milligrammes par litre à plus de trois mille.

Les espèces les plus courantes sont le calcium Ca^{2+}, le magnésium Mg^{2+}, le sodium Na^{+}, le potassium K^{+} (tous sous forme d'ions positifs), les chlorures Cl^{-}, les sulfates SO_4^{2-}, les bicarbonates ou hydrogénocarbonates HCO_3^{-} et les nitrates NO_3^{-}, parfois le fluor F^{-}. Les sels minéraux sont apportés par le lessivage des sols par les eaux de pluie. Leur teneur dépend de la nature du bassin versant dont elles sont issues. Les eaux d'origine profonde, ou puisées dans des régions volcaniques, sont plus chargées en sels minéraux car le pouvoir dissolvant de l'eau augmente avec la température. Seules les eaux faiblement minéralisées conviennent à la confection des biberons.

Le calcium (inhibé par les sulfates) est essentiel pour la croissance et la solidité des os. Le magnésium contribue au bon fonctionnement du système nerveux et à la relaxation musculaire. Le fluor est bon pour les dents. Le potassium joue un rôle essentiel dans le fonctionnement cellulaire. Il intervient dans les mécanismes de contraction des muscles, prévenant les crampes, transmet l'influx nerveux et régule la pression artérielle. Le sodium participe à l'activité cardiaque et à l'équilibre hydrique de l'estomac, dont les bicarbonates réduisent l'acidité. Naturellement, toute consommation excessive ou toute utilisation prolongée peut avoir des effets néfastes : hypertension pour le sodium, contractions cardiaques pour le potassium…

Dans les pays étrangers, l'eau contient généralement moins de minéraux qu'en France car on supprime certains d'entre eux, naturellement présents. Aux États-Unis, sont qualifiées de minérales les eaux de source dont la teneur dépasse 250 milligrammes et au Canada 500 milligrammes (d'après le règlement sur les aliments et drogues). Depuis 1950, les eaux minérales, l'hydroxydase exceptée, ne sont plus distribuées en pharmacie.

Les eaux gazeuses sont-elles naturelles ?

Le gaz responsable de l'effervescence de certaines boissons est le gaz carbonique, ou dioxyde de carbone. À la pression ordinaire, à 20 °C, on peut en dissoudre 1,5 gramme par litre, ce qui correspond à un volume de 800 millilitres de gaz. La plupart des boissons contiennent le gaz à pression élevée ce qui permet d'en dissoudre une plus grande quantité. Les eaux naturelles gazeuses en renferment jusqu'à quatre grammes par litre et les boissons gazeuses renforcées le double.

Certaines eaux sont naturellement gazeuses et contiennent déjà du dioxyde de carbone. D'autres sont regazéifiées après captage et avant embouteillage, parfois avec le gaz d'origine. L'adjonction de gaz carbonique est spécifiée sur la bouteille. Les eaux dites « minérales naturelles gazeuses » doivent produire une effervescence spontanée et perceptible et leur teneur affichée doit être la même qu'à l'émergence de la source.

Pourquoi l'eau trouble-t-elle le pastis ?

Chaque fois que vous versez de l'eau dans le pastis, vous vous trouvez confronté à un phénomène physico-chimique complexe, qui intéresse les chercheurs au plus au point. Transparent dans la bouteille, le pastis prend un aspect laiteux dès que l'on rajoute de l'eau (les producteurs préconisent cinq volumes d'eau pour un volume de pastis d'où l'appellation 51). Il n'est d'ailleurs pas le seul à se troubler en présence d'eau. Toute une série de boissons concoctées sur les rives de la Méditerranée présentent les mêmes propriétés : ouzo en Grèce, raki en Turquie, arak au Liban et sambuco en Italie.

Comme toutes les boissons alcoolisées, le pastis contient de l'eau et de l'éthanol. Mais il contient aussi de l'anéthol, un composé odorant au goût d'anis, connu depuis l'Antiquité pour ses vertus thérapeutiques et digestives, ainsi que 26 autres constituants dont l'identité est tenue secrète. Très soluble dans l'éthanol, l'anéthol l'est beaucoup moins dans l'eau et l'addition d'eau supplémentaire au contenu de la bouteille entraîne la formation immédiate d'une émulsion constituée de gouttelettes dispersées. L'Institut *Laue Langevin* à Grenoble a mesuré la taille des gouttelettes par un procédé de diffusion neutronique. Leur diamètre est proche du micromètre, c'est-à-dire du même ordre que les longueurs d'onde de la lumière visible. Cette propriété fait que la lumière est diffusée dans toutes les directions et que le milieu apparaît trouble. Les chercheurs ont aussi constaté qu'avec le temps, ou en chauffant la boisson, les gouttelettes grossissent, perdant alors leurs propriétés diffusantes. En effet, si vous oubliez de boire votre verre ou si vous le laissez au soleil, l'émulsion se rompt et la boisson redevient transparente.

En quoi ce phénomène intéresse-t-il les chercheurs ? Lorsque vous préparez une vinaigrette, vous devez battre le mélange pour incorporer l'huile au vinaigre alors que, dans le cas du pastis, le phénomène se produit spontanément. Normalement, pour créer une émulsion, c'est-à-dire diviser un liquide en globules microscopiques au sein d'un autre liquide avec lequel il ne se mélange pas, il faut fournir de l'énergie ou recourir à des molécules tensioactives, qui modifient les propriétés des interfaces entre liquides. Comprendre le pourquoi du phénomène ouvrirait des horizons nouveaux, notamment dans le domaine pharmaceutique pour la préparation des suspensions buvables.

Une question peut en cacher une autre

Pourquoi le pastis des préparations toutes faites reste-t-il trouble ?

Tout simplement parce qu'on a rajouté un stabilisateur et émulsifiant, en général la gomme d'acacia ou gomme arabique, répertoriée sous le sigle E414.

Quelles sont les maladies transmises par l'eau ?

Polluée, l'eau tue davantage que les guerres, les famines et les catastrophes naturelles. « Nous buvons 90 % de nos maladies », affirmait Pasteur… Selon l'Office Mondial de la Santé, les trois quarts des patients hospitalisés dans les pays pauvres seraient victimes d'une eau malsaine et, d'après l'Unicef, les maladies hydriques entraîneraient chaque année le décès de plusieurs millions d'enfants.

Les maladies liées à l'eau peuvent trouver leur origine dans une contamination par des déchets humains, animaux ou chimiques. Choléra, typhoïde, poliomyélite, méningites, hépatites A et E, diarrhées font partie de cette première catégorie. En Chine, en Inde et en Indonésie, les maladies diarrhéiques font deux fois plus de morts que le SIDA, alors qu'un traitement approprié de l'eau et une bonne hygiène, des mains notamment, suffirait à les éviter.

Les maladies d'origine aquatique peuvent également provenir d'organismes parasites comme les vers, leurs œufs et larves, qui infectent les humains et les vertébrés. Helminthiase, dracunculose, bilharziose, une maladie grave à localisation urinaire, digestive ou artério-veineuse, ne sont pas systématiquement mortelles, mais laissent des séquelles. Comme les kystes de protozoaires, les vers et leurs œufs ne sont pas détruits par une désinfection classique. En revanche, ils cèdent à une filtration poussée.

S'y ajoutent les maladies transmises par des vecteurs tels les moustiques ou les mouches tsé-tsé, qui se reproduisent ou vivent près d'eaux polluées. Un moustique des régions chaudes et marécageuses, l'anophèle, véhicule un protozoaire qui parasite le sang et entraîne des crises de paludisme. D'autres moustiques transmettent les virus responsables des fièvres jaune et dengue et la mouche tsé-tsé véhicule le virus coupable de la maladie du sommeil.

Le Proche-Orient, l'Afrique et l'Asie centrale figurent parmi les régions les plus touchées, mais les pays industrialisés ne sont pas totalement épargnés. En 1993, par exemple, 53 millions d'Américains ont consommé de l'eau contaminée par du plomb, des pesticides et des produits chlorés. La même année, aux États-Unis également, 43 autres millions ont été exposés au cryptosporidium, un protozoaire pathogène des eaux de surface et qui s'installe dans les intestins. Ce parasite remarquablement résistant, à la chaleur excepté, est responsable de 2 à 6 % des cas de diarrhées graves, voire fatales chez les personnes atteintes du VIH ou dont le système immunitaire est déficient. Une centaine de personnes âgées ou immunodéprimées ont ainsi trouvé la mort à Milwaukee, lors de la plus grande épidémie hydrique de l'histoire documentée des USA. 400 000 des 1,6 million d'habitants de la région avaient été atteints suite à des déficiences de l'une des deux usines de purification d'eau, issue du lac Michigan, très pollué. Les autorités ont réagi en installant des équipements de traitement des eaux à base d'ozone, en l'occurrence plus efficace que le chlore.

Le cryptosporidium a également frappé en Europe : en 2005, on dénombrait près de huit mille cas pour seize pays, soit un rapport de 2 à 100 000. Habituellement, les colibacilles, les salmonelles et, chez le jeune enfant, les rotavirus, figurent parmi les principaux responsables des cas de gastro-entérites.

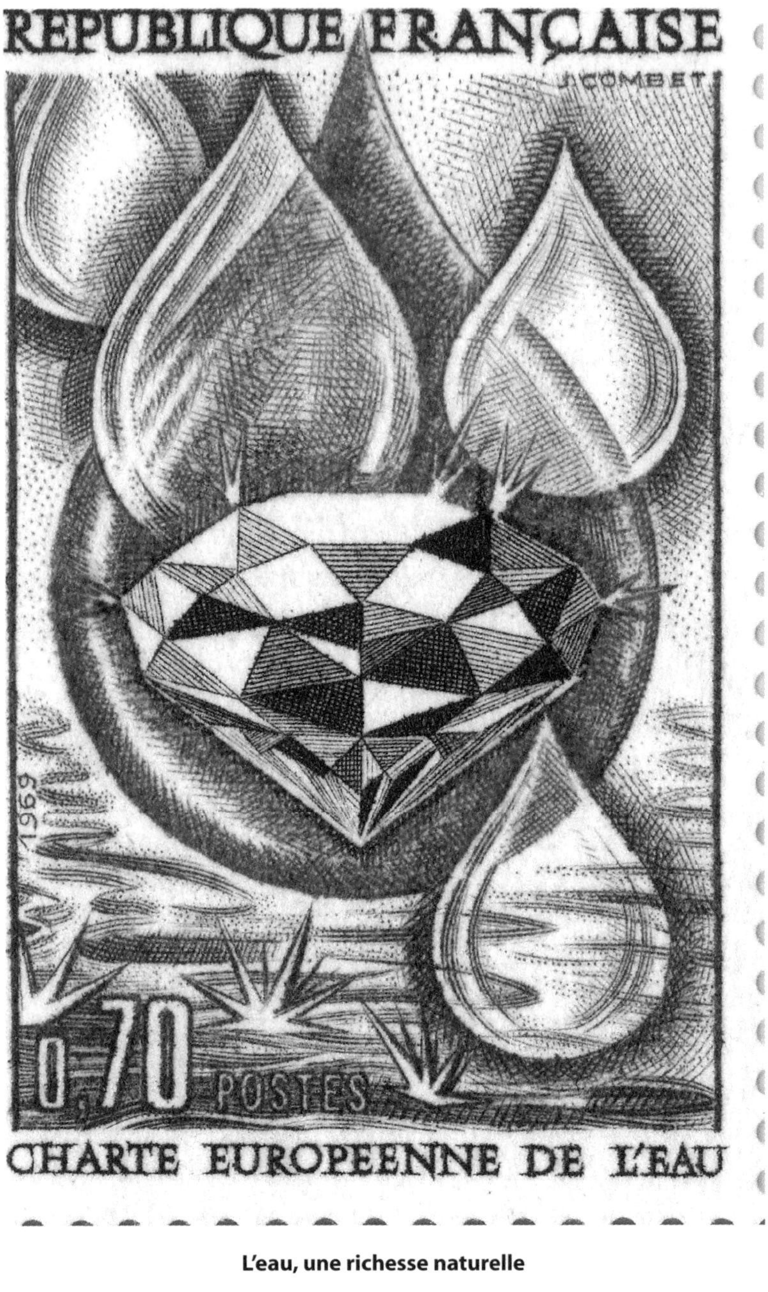

L’eau, une richesse naturelle

CHAPITRE VI

L'EAU ET L'ENVIRONNEMENT

Il n'y a pas de vie sans eau.

C'est un bien précieux, indispensable à toutes les activités humaines.

L'eau n'a pas de frontières.

Charte européenne de l'Eau,
promulguée le 6 mai 1986 par le Conseil de l'Europe

Qu'est-ce que le cycle de l'eau ?

C'est l'ensemble des processus qui permettent le réapprovisionnement en eau douce de la planète pour les besoins de l'Homme et des êtres vivants en général.

Jour après jour, l'eau poursuit inlassablement le même chemin. Commençons par l'évaporation, particulièrement intense au niveau des océans, qui y contribuent à 85 % car leur surface est à saturation. Chaque jour, 500 milliards de tonnes d'eau sont renvoyées vers l'atmosphère sous l'effet du rayonnement solaire. L'air se charge en eau, qui diffuse dans l'atmosphère et s'élève, par convection ou parce que le relief l'y oblige, par exemple pour franchir une montagne. La température diminuant suite à la détente, l'air peut contenir de moins en moins de vapeur d'eau et se sature. L'eau se condense et des gouttelettes ou des cristaux de glace apparaissent qui forment les nuages, ou le brouillard si la condensation a lieu au voisinage immédiat du sol. Les nuages à leur tour donnent naissance à des précipitations : neige, pluie ou grêle.

Si le sol est imperméable, l'eau ruisselle le long des pentes et alimente directement les cours d'eau, les lacs et les océans. S'il est poreux, l'eau s'infiltre et approvisionne les nappes aquifères. Une circulation souterraine s'établit des régions de haute pression et forte altitude vers les régions de basse pression et faible altitude. L'eau finit par rejoindre les cours d'eau, qui à leur tour regagnent la mer. Et le cycle recommence.

Une molécule d'eau reste en moyenne dix jours dans l'atmosphère, cent ans sur les continents et quarante mille ans au sein des océans

Toute l'eau est-elle recyclée ?

L'eau dite juvénile, retenue dans les entrailles de la Terre depuis sa genèse, ne participe pas au cycle de l'eau ainsi que l'a montré Harmon Craig, de l'Université de Californie.

En revanche, contrairement à ce qu'ont pu proclamer certains négociants, les eaux thermales ne sont que des eaux de pluie recyclées, réchauffées par la chaleur contenue dans les premiers kilomètres de l'écorce terrestre (la température augmente de 10 °C par kilomètre quand on s'enfonce sous terre). Il en est largement de même pour les eaux des volcans, dont la composition reflète les variations des eaux de pluie, avec un décalage correspondant à leur durée de transit, qui s'échelonne de quelques mois à quelques années.

La disparition des forêts perturbe-t-elle le cycle de l'eau ?

La transpiration des végétaux, ou évapotranspiration, renvoie vers l'atmosphère une partie de l'eau qui s'est infiltrée dans le sol sous forme de pluie. Le déboisement perturbe le cycle de l'eau car il augmente le ruissellement et diminue l'infiltration, d'où un approvisionnement moindre de la nappe phréatique.

L'évapotranspiration joue un rôle important dans les écosystèmes forestiers équatoriaux et tropicaux, dont les surfaces sont importantes. Dans ces régions, la forêt fabrique la pluie : l'essentiel des précipitations ne vient pas des dépressions mais de la recondensation de l'eau sur place. Elle représente plus de 75 % des précipitations totales dans les forêts pluvieuses tropicales et dépasse même 80 % dans le bassin du Congo. On comprend dès lors les conséquences de la déforestation.

Une question peut en cacher une autre

Comment peut-on connaître la part de l'évapotranspiration dans le cycle de l'eau ?

Des méthodes fondées sur le fractionnement isotopique hydrogène-deutérium (ou hydrogène-tritium) permettent de déterminer en un lieu donné la proportion d'eau de pluie provenant des dépressions océaniques et de l'évapotranspiration. Lors de l'évapotranspiration foliaire, une discrimination s'effectue entre l'eau légère et les eaux lourde et tritiée lesquelles, de par leur viscosité plus forte et leur tension de vapeur plus faible, s'évaporent plus difficilement. La vapeur d'eau en provenance des pluies engendrées par les dépressions est plus riche en eau lourde que celle qui est produite par la végétation. Les analyses montrent que l'évapotranspiration domine dans le bilan du cycle de l'eau propre aux écosystèmes des forêts pluvieuses tropicales.

L'eau participe-t-elle à l'effet de serre ?

Oui, la vapeur d'eau est responsable des deux tiers de l'effet de serre. Elle se positionne loin devant le méthane, le protoxyde d'azote (ou gaz hilarant), l'ozone et des composés entièrement artificiels comme les chlorofluorocarbures, les fameux CFC, maintenant interdits, ou leurs substituts : les HFC. Elle supplante même le gaz carbonique, grand spécialiste du genre et pièce maîtresse de l'échiquier climatique.

Mentionné dès 1824 par le mathématicien et physicien grenoblois Jean-Baptiste Fourier, l'effet de serre sera attribué à la vapeur d'eau et au gaz carbonique en 1860, avant de recevoir sa description moderne en 1896, sous l'impulsion du chimiste suédois Svante Arrhenius.

Le sol absorbe une partie de l'énergie solaire. Il émet en retour un rayonnement infrarouge, capté par les gaz à effet de serre présents dans l'atmosphère, lesquels rayonnent vers le sol, induisant un chauffage additionnel de la surface de notre planète. La température moyenne sur Terre est supérieure d'une trentaine de degrés à ce qu'elle devrait être compte tenu de son éloignement au Soleil, ce qui a permis l'apparition de la vie. Sans les gaz à effet de serre, la température moyenne à la surface de la Terre ne serait que de – 19 °C au lieu de 15 °C.

L'effet de serre imputable à l'eau se fait sentir surtout la nuit, en l'absence de rayonnement solaire direct. L'énergie rayonnée par le sol s'échappe dans l'espace dès lors que l'air est sec et sans nuages[1]. Les nuits fraîches sont de règle dans le désert. Au Sahara, il arrive que la température chute de cinquante degrés la nuit !

Pourquoi ne mentionne-t-on pas plus souvent le rôle de l'eau dans ce réchauffement climatique qui défraie la chronique ? Car l'eau est un composé naturel, dont l'émission n'est pas le fruit d'une activité industrielle, et qui séjourne peu de temps dans l'atmosphère. Elle est recyclée par les phénomènes climatiques au bout de quelques jours alors que les molécules de méthane ont une durée de vie moyenne d'une dizaine d'années. Le dioxyde de carbone, pour sa part, disparaît au bout de 50 à 250 ans et le protoxyde d'azote au bout d'un siècle. Quant à l'hexafluorure de soufre, utilisé pour la détection de fuites et l'isolation électrique, sa durée de rétention est de l'ordre de 50 000 ans.

Une question peut en cacher une autre

Le taux de vapeur d'eau dans l'atmosphère est-il constant ?

La teneur en vapeur d'eau varie selon la température et donc selon la latitude et l'altitude.

De l'ordre de 5 % dans les régions côtières équatoriales, elle n'est plus que de 0,1 % en Sibérie. Et à 15 km d'altitude, l'air standard ne contient plus que trois millionièmes de son volume en eau.

Le réchauffement climatique favorise l'évaporation de l'eau, ce qui a pour effet d'accentuer l'effet de serre.

Et si, dans le futur, tous les véhicules venaient à être équipés de piles à combustible, dans lesquelles l'hydrogène se combine à l'oxygène pour produire de l'eau, le taux de vapeur d'eau rejetée dans l'atmosphère pourrait augmenter de 25 à 30 %.

1. Les nuages fins de haute altitude, les cirrus, formés de cristaux de glace, participent à l'effet de serre. Les nuages bas, stratus et stratocumulus, au contraire, s'opposent à l'effet de serre. Ils ont un effet parasol et renforcent l'albédo terrestre, leur surface blanche diffusant la lumière solaire vers l'extérieur.

Comment l'eau est-elle répartie sur Terre ?

Près des trois quarts de la surface du globe sont recouverts d'eau et les océans renferment plus de 97 % de l'élément liquide. Les eaux douces représentent un peu moins de 3 % de l'hydrosphère. Et sur ces 3 %, moins d'un quart est réellement accessible, l'essentiel étant piégé dans les glaces polaires ou retenu dans le sous-sol sous des formes difficilement exploitables.

Composition de l'hydrosphère

Océans et eaux salées	97,2 %
Glaciers et calottes polaires	2,1 %
Eaux souterraines	0,7 %
Eaux de surface (lacs et fleuves)	0,01 %
Atmosphère	0,001 %
Biosphère (êtres vivants)	0,0001 %

Neuf pays (le Brésil, la Russie, les États-Unis, le Canada, la Chine, l'Indonésie, l'Inde, la Colombie et le Pérou) se partagent 60 % des ressources d'eau douce disponibles. Inscrit au patrimoine de l'Unesco depuis 1996 pour sa richesse écologique, le lac Baïkal, l'Œil Bleu de la Sibérie, premier pôle d'écologie soviétique, détient à lui seul 20 % des réserves mondiales d'eau douce non gelée, soit l'équivalent en volume de la mer Baltique. Et dix fleuves seulement totalisent 30 % du débit global mondial, dont 15 % pour l'Amazone. Avec 60 % de la population mondiale, l'Asie, par exemple, ne dispose que d'un tiers des ressources. Rien d'étonnant à ce que lacs et rivières deviennent des pommes de discorde.

Une question peut en cacher une autre

Y a-t-il de l'eau dans les profondeurs du globe ?

Oui, il s'agit de l'eau dite juvénile, car emprisonnée par la Terre lors de sa formation. Son volume est généralement évalué à un peu moins d'un tiers de celui de l'hydrosphère. Mais, à en croire certains chercheurs, il y aurait dix fois plus d'eau dans le manteau et la croûte terrestre que dans l'enveloppe superficielle de la Terre.

L'eau juvénile, d'origine géochimique, est produite par le dégazage des roches magmatiques contenues dans les profondeurs du globe. Elle ne participe pas au cycle de l'eau. Elle se distingue de l'eau des sources thermales et des geysers, qui a pour origine l'infiltration des eaux superficielles.

Va-t-on manquer d'eau ?

L'or bleu est en passe de devenir un bien plus précieux que le pétrole. Les besoins en eau ont doublé depuis 1980 et ont été multipliés par sept depuis 1900. La population mondiale, actuellement de six milliards d'habitants, dépassera les huit milliards en 2025. Selon les estimations, la disponibilité en eau par habitant et par an, évaluée à 16 800 m^3 en 1950, chuterait d'ici là à 4 800 m^3. D'où la nécessité d'adopter un certain nombre de pratiques vertueuses.

Actuellement, l'agriculture absorbe en moyenne 70 % de l'eau douce disponible à l'échelle mondiale. Viennent ensuite l'industrie, avec 20 %, puis la consommation domestique, qui tourne autour de 10 %. L'irrigation nécessite des volumes considérables : un hectare de maïs consomme jusqu'à 20 000 m^3 d'eau pendant sa période végétative et un hectare de riz quarante mille. Et une très grande partie de cette eau se perd dans le sol ou s'évapore.

L'industrie n'est pas en reste non plus. Il faut plus de 20 m^3 d'eau pour produire une tonne d'acier, deux cent cinquante pour fabriquer une tonne de pâte à papier et six mille pour produire une tonne d'engrais azotés dans les procédés à circuit ouvert. Pour fabriquer une automobile, pneus compris, il faut compter 150 m^3 d'eau.

Même si certains pays ont stabilisé leurs besoins, voire inversé la tendance, grâce à une meilleure gestion de l'eau, l'explosion démographique reste un fait. L'expansion de l'irrigation et l'accroissement de l'industrialisation laissent craindre des pénuries graves. Aux zones déjà touchées, dont l'Afrique du Nord, le Sahel, le Moyen-Orient et l'Asie centrale, s'ajouterait l'est des États-Unis.

Améliorer l'efficacité des techniques d'irrigation, rénover et multiplier les structures de captation et production d'eau potable, développer les techniques d'assainissement, préserver les réserves de la planète en luttant contre le gaspillage et la pollution, autant de défis à relever. Pour éviter qu'en 2050 deux milliards d'individus ne luttent chaque jour pour boire et survivre.

Qui consomme l'eau ?

L'Office Mondial de la Santé chiffre le minimum vital à quarante litres par jour et par personne. Deux cent cinquante millions d'habitants n'en disposent pas à l'heure actuelle et la consommation varie considérablement d'un pays à l'autre. Les États-Unis, le Canada, l'Espagne, l'Italie (pour les besoins de l'irrigation) et l'Australie figurent dans le peloton de tête. En France, les prélèvements se montent à 500 litres par jour et par habitant, contre dix à trente litres au maximum pour un occupant du Sahel.

Bien souvent, le bas niveau de développement économique se conjugue avec la rareté de l'eau. Actuellement, dans les pays en voie de développement, plus d'un milliard et demi de personnes, près du quart de la population mondiale, ne disposent pas d'un accès à l'eau potable et deux milliards d'entre elles sont privées d'installations sanitaires

Prélèvements bruts en mètres cubes, par an et par habitant

États-Unis	1840
Canada	1623
Espagne	1040
Italie	976
Australie	839
Japon	735
France	547
Allemagne	532
Maroc	387
Vietnam	371
Royaume-Uni	293
Sénégal	154
Cambodge	48
Tchad	26

Les prélèvements bruts sont supérieurs aux consommations nettes, qui correspondent à l'eau utilisée et non restituée aux milieux aquatiques.

Peut-on faire pleuvoir ?

En théorie, c'est très simple. La pluie provient de cristaux de neige formés dans les nuages et qui se liquéfient en tombant, dès que la température est suffisamment basse. Mais souvent l'eau reste sous forme de vapeur, même lorsqu'il fait très froid. Pour faire cesser cet état métastable, une seule solution : apporter des germes de condensation, autrement dit ensemencer les nuages. C'est précisément ce qu'entreprit de faire Carl Ebert en 1947, alors qu'une importante sécheresse menaçait la région de New York et le Sud canadien. À bord de son petit avion, le météorologue américain monta au-dessus des nuages et les saupoudra de paillettes de glace carbonique. Le résultat ne se fit pas attendre : la pluie s'abattit sur New York. Au grand dam des Canadiens, qui accusèrent notre aviateur d'avoir détourné la pluie qui leur était destinée.

On a souvent reproché par la suite aux Américains d'être à l'origine de catastrophes climatiques. Durant la guerre du Vietnam, les avions américains ont dispersé de grandes quantités de cristaux d'iodure d'argent au-dessus de la piste de Hô Chi Minh, de manière à prolonger la saison des moussons et ralentir les mouvements de l'ennemi. Ces aspersions, menées dans le cadre du projet *Popeye*, se sont poursuivies de 1967 à 1972 jusqu'à ce que, alertées par la presse et l'opinion publique, les Nations unies ne finissent par interdire en 1977 l'usage des techniques de modification de l'environnement à des fins militaires.

L'ensemencement des nuages s'est poursuivi pour des usages civils, aux États-Unis, dans le Montana en particulier, mais également dans d'autres pays, en Afrique du Nord et en en Europe, où l'on utilisa un temps la technique pour dissiper le brouillard au-dessus des aéroports… La Russie et la Chine, laquelle a commencé à pratiquer en 1958, restent des spécialistes du genre. Le budget annuel de la Chine en matière de modification du temps dépasserait les cinquante millions de dollars. Avions, lance-roquettes, canons antiaériens sont disponibles en permanence pour saupoudrer les nuages et préserver les cultures menacées de sécheresse.

Et aussi pour que la cérémonie d'ouverture des Jeux olympiques de 2008 se déroule sous un soleil radieux !

L'eau va-t-elle mettre le feu à la planète ?

Abondante pour les uns, indisponible pour les autres, l'eau perturbe aujourd'hui l'organisation de la société humaine et devient pomme de discorde. L'ONU recense actuellement trois cents zones de conflits potentiels et 1 800 litiges ont été enregistrés de par le monde. En Afrique, ainsi qu'au Proche et au Moyen-Orient, la situation tend à devenir critique.

Pour irriguer le Sud-Est anatolien, la Turquie multiplie la construction de barrages sur le Tigre et l'Euphrate. Au détriment de la Syrie et de l'Irak, que ces ponctions placent en situation de dépendance et de stress hydrique. Un autre pays « château d'eau », la Guinée, ponctionne l'eau destinée au Mali et au Niger, situés en aval.

Entre l'Égypte et le Soudan aussi, les tensions sont vives. L'Égypte a construit le barrage pharaonique d'Assouan, qui protège les terres fertiles des crues annuelles du Nil et fournit l'eau et l'électricité à ses habitants, mais la quasi-totalité des eaux du Nil proviennent des pays en amont, dont le Soudan, qui en a besoin pour l'irrigation.

Dans l'ancienne Palestine, la lutte pour l'eau est devenue dramatique. Israël prélève l'eau du lac de Tibériade et celle du Jourdain et exploite aussi deux grandes nappes phréatiques. La majeure partie des territoires sont sous contrôle israélien et plus de 250 villages arabes ne sont pas reliés à un système de distribution, d'où une résurgence des maladies hydriques. La Jordanie, à qui Israël a pris des territoires, souffre aussi de pénurie d'eau. Enfin, Israël a conservé le plateau du Golan, château d'eau situé entre le Liban, Israël et la Syrie. La situation est devenue catastrophique dans la bande de Gaza, dont la nappe phréatique se trouve salinisée.

Quelle est l'origine des pluies acides ?

Au banc des accusés, deux coupables : le dioxyde de soufre et les oxydes d'azote rejetés par les installations industrielles et les moteurs des véhicules qui brûlent des carburants fossiles, comme le charbon et le pétrole. Sous l'effet des radiations solaires, les oxydes de soufre se combinent à la vapeur d'eau pour donner de l'acide sulfurique et les oxydes d'azote se convertissent en acide nitrique. Les gouttelettes d'acides s'accumulent dans les nuages et finissent par retomber, produisant les fameuses pluies destructrices.

Une pluie normale est elle-même légèrement acide, à cause du gaz carbonique présent dans l'air. Les chimistes mesurent l'acidité par une grandeur nommée pH : à la température de 25 °C, une solution acide possède un pH inférieur à 7 et chaque fois que l'on descend d'une unité, l'acidité est multipliée par 10. L'eau de pluie naturelle, légèrement acide, a un pH proche de 6. En dessous de 5,6, on parle de pluie acide. En 1974, la Corse a connu des pluies de pH 2,5, d'une acidité mille fois supérieure à la limite, et comparable à celle du vinaigre.

La durée de vie des oxydes de soufre et d'azote dans l'atmosphère se chiffre à quelques jours, ce qui leur permet de franchir des distances de plusieurs centaines de kilomètres. C'est ainsi que les pluies acides scandinaves, fort dévastatrices, ont eu des origines polonaises, allemandes ou britanniques.

Quels sont les méfaits des pluies acides ?

La faune aquatique, la flore et les pierres calcaires sont en première ligne.

Si l'homme adulte et surtout les enfants peuvent souffrir de problèmes respiratoires, l'augmentation de l'acidité des lacs et des cours d'eau peut s'avérer fatale à leurs occupants.

Des poissons comme les saumons et les truites sont particulièrement touchés car leurs ouïes s'enflamment. Pour se défendre, ils secrètent une sorte de mucus qui obstrue totalement celles-ci et finit par les étouffer. À cela s'ajoute la toxicité de métaux comme le mercure, le cadmium, le plomb le cuivre ou l'aluminium, qui normalement restent à l'état lié dans le sol, mais que l'action des acides libère en les solubilisant. La solubilité de l'aluminium, par exemple, s'accroît en dessous d'un pH de 6. Les phosphates, qui alimentent le phytoplancton indispensable à la chaîne alimentaire, se fixent sur l'aluminium en entraînant la raréfaction du plancton[1].

1. Les lacs à fond calcaire s'avérant moins touchés, une solution adoptée en Scandinavie et au Canada a consisté à répandre de la chaux pour neutraliser l'acidité de l'eau.

Autre cible : les forêts, qui jaunissent et dépérissent à terme. Les arbres sont plus sensibles que les prairies car ils vivent plus longtemps. Au milieu des années 1980, plus de la moitié des forêts de l'Allemagne de l'Ouest étaient touchées, quoique, d'après des études ultérieures, pesticides et solvants chlorés eussent largement contribué à cet état de choses.

Les pluies acides affectent également les pierres calcaires. Elles transforment le marbre en gypse poreux, qui se délite et s'effrite rapidement, le gel se chargeant d'achever la besogne. Le gypse et la suie peuvent aussi se combiner en une couche plus dure au dessous de laquelle les dégradations se poursuivent. À l'ère industrielle, quelques décennies ont suffi pour dégrader des monuments restés intacts des millénaires durant. C'est ainsi que les statues du bas-relief du Parthénon, sur l'Acropole d'Athènes, ont dû être remplacées par des copies dans les années 1970. Il existe à présent des enduits protecteurs en résine plastique translucide, qui protègent les monuments les plus vulnérables. Parallèlement, la réduction par filtrage des émissions polluantes et l'usage de pots d'échappement catalytiques, qui dégradent les oxydes d'azote, ont entraîné une diminution des pluies acides en Europe. Mais le problème n'a sans doute fait que se déplacer car, depuis quelques années, un immense nuage de pollution recouvre l'Asie du Sud-Est.

La nappe phréatique est-elle polluée ?

La gestion de l'eau est au centre des préoccupations de la loi sur l'eau, qui vient d'être votée et adoptée en 2006. Un important volet du programme porte sur la qualité de cette ressource naturelle.

« L'eau n'est pas un bien marchand comme les autres, mais un patrimoine qu'il faut protéger, défendre et traiter comme tel. » Cette déclaration constitue un des principes de la directive cadre européenne du 23 octobre 2000, que la nouvelle loi a transposé en droit français. La France doit se mettre en conformité avec l'Europe d'ici 2015 en atteignant « un bon état de toutes les eaux et des milieux aquatiques ». Or, selon des études menées par le BRGM (Bureau de recherches géologiques et minières), plus des trois quarts des rivières et plus de la moitié des nappes phréatiques[1] sont polluées.

1. Les nappes phréatiques (du grec *phreas*) sont les nappes superficielles accessibles par des puits.

Au banc des accusés, les nitrates et les produits phytosanitaires dont la dispersion est largement imputée à l'agriculture et qui ont connu un véritable boom après la Seconde Guerre mondiale. Herbicides, fongicides, insecticides, la France pointe dans le trio de tête des consommateurs de produits phytosanitaires avec les USA et le Japon. Les engrais chimiques et l'épandage des lisiers, déjections animales liquides engendrées par les élevages « hors-sol », véritables ateliers d'engraissement de porcs et volailles, créent un trop plein de nitrates dont profitent les algues vertes, qui détournent l'oxygène destiné à la faune aquatique. Dans le Loiret, par exemple, gardons, brochets et anguilles, tous bons indicateurs écologiques, ont déserté les eaux. Des insectes comme les trichoptères à fourreau, les plécoptères et les éphémères ont fait de même.

La cartographie des régions et des nappes phréatiques touchées est à peu près la même pour les nitrates et les pesticides. Les nitrates percolent jusqu'à la nappe phréatique, une partie de l'azote des fertilisants n'atteignant pas sa cible. Datant de 1980, le rapport Herriot tire la sonnette d'alarme. En Bretagne et dans d'autres régions agricoles comme la Beauce, il n'est pas rare que l'eau du robinet dépasse le seuil sanitaire international de cinquante milligrammes par litre.

L'utilisation massive des pesticides, quant à elle, se traduit par un effet spirale, ruinant l'activité biologique des sols et détruisant des animaux utiles. Une fois les sols devenus stériles, il devient nécessaire d'accroître en permanence les doses de produits répandus. Et si les engrais chimiques de synthèse ne sont que partiellement absorbés par les plantes, la situation est bien pire pour les pesticides, la pauvreté bactériologique des sols interdisant leur biodégradation. Une étude du BRGM montre que l'atrazine, l'herbicide choc du maïs et le désherbant total des bas-côtés des voies ferrées, pourtant prohibé en 2002, est encore très largement présent dans les sols. Pire, un de ses dérivés tout aussi toxique, le déséthylatrazine, atteint des concentrations deux à trois fois supérieures à celle du produit initial.

Le sujet est préoccupant et la vigilance reste de mise car l'évolution de certaines substances chimiques est encore imprévisible et, chaque mois, de nouvelles molécules voient le jour ! On dénombre en France plus de 400 molécules actives pour 4 000 préparations différentes. En 1985 déjà, le réseau mondial antipesticides *Pesticide Action Network* avait sélectionné douze « salopards » (*the dirty dozen*) : les biocides les plus polluants à retirer du marché ou à réglementer, dont le DDT et le lindane. Coordonné par le BRGM, le programme européen *Footprint* regroupe les scientifiques de quinze pays et vise à élaborer des outils d'évaluation du risque de contamination par les produits phytosanitaires.

Une question peut en cacher une autre

Quels sont les dangers liés aux nitrates ?

Les ions nitrate altèrent l'hémoglobine, le pigment des globules rouges servant à transporter l'oxygène. En se transformant en nitrites, ils empêchent l'hémoglobine de fixer l'oxygène, induisant des problèmes respiratoires. La méthémoglobinémie, ou maladie du sang bleu, est mortelle chez les nourrissons dont le système digestif est immature et transforme les nitrates en nitrites, fortement toxiques.

Les chlorites issus du dioxyde de chlore, un désinfectant parfois utilisé pour rendre potable l'eau, auraient le même effet. La nouvelle législation sur l'eau du robinet inclut donc le contrôle du taux de chlorites, limité à 0,2 mg/L.

Comment fonctionne une station d'épuration ?

Les eaux usées destinées à être rejetées dans le milieu naturel sont acheminées vers les stations d'épuration après collecte par les canalisations. Comme pour les eaux destinées à la consommation, le traitement commence par un dégrillage-tamisage destiné à éliminer les débris les plus volumineux. Ensuite, pour réduire les matières en suspension, on procède au dessablage, au déshuilage et à la décantation, avant d'introduire dans l'eau des bactéries spécialisées qui dégradent les matières organiques par voie biologique.

Les stations d'épuration sont de véritables cantines à bactéries. Les micro-organismes ne constituent pas tous une menace pour l'eau. Certaines bactéries sont volontairement utilisées pour leur aptitude à dégrader l'ammonium et les nitrates en azote moléculaire et les polluants organiques en eau et gaz carbonique ou méthane, selon la quantité d'oxygène présente. Comme l'apport de l'air ne suffit pas, des turbocompresseurs injectent de l'oxygène dans les bassins.

À la sortie de la station, on obtient une eau de qualité suffisante pour permettre le rejet dans le milieu naturel et des boues qui seront séchées et stockées en décharge ou bien utilisées comme engrais, y compris dans l'agriculture biologique.

Vue aérienne de la station d'épuration de l'agglomération mulhousienne

Sur la photographie, on distingue les bassins de décantation (munis d'une passerelle), les bassins de préaération (pourvus de chicanes) et d'aération (dans lesquels les polluants azotés sont dégradés au niveau du cercle central et les composés carbonés au niveau du cercle périphérique) et les clarificateurs (munis d'une passerelle également) qui séparent la masse bactérienne de l'eau épurée.

La profondeur des bassins atteint huit mètres pour un diamètre d'une cinquantaine de mètres, excepté dans le cas du bassin de préaération, qui est moins large. L'usine traite 70 000 mètres cube d'eau par temps sec, davantage lorsqu'il pleut.

D'où vient le mercure présent dans l'eau ?

À côté des rejets industriels, l'exploitation artisanale de gisements aurifères en Amazonie (Brésil et Bolivie) et en Guyane a entraîné d'importants rejets de mercure dans les cours d'eau. Au contact de l'or, le mercure forme un alliage. Lorsque l'orpailleur chauffe cet amalgame à des températures comprises entre 400 et 550 °C, des vapeurs de mercure se forment (le mercure bout à 357 °C), permettant de récupérer l'or qui reste solide. Théoriquement, un réfrigérant condense les vapeurs de mercure, mais beaucoup d'exploitants font l'économie de ce dispositif si bien que le mercure se répand dans l'atmosphère. Sous sa forme oxydée, il est absorbé par les poussières et finit par retomber dans les cours d'eau. Sous l'action de bactéries spécialisées, les ions de mercure sont transformés en méthylmercure puis fixés par le plancton, consommé par les poissons.

Le mercure qui s'accumule ainsi tout au long de la chaîne alimentaire, du plancton aux poissons herbivores, puis carnivores, se concentre progressivement. En bout de chaîne, sa teneur atteint un million de fois la valeur de départ. Chez l'homme, qui mange les poissons, les molécules de méthylmercure, liposolubles, traversent aisément les membranes biologiques et se fixent sur les protéines à l'intérieur des cellules. Elles passent dans le sang au niveau du tube digestif et pénètrent dans les globules rouges. Le méthylmercure est transporté jusqu'au cerveau provoquant fatigue et insomnie à faibles doses, troubles oculaires et désordres neurologiques à doses élevées. Les symptômes suivent alors la même séquence fatale : affaiblissement musculaire, perte progressive de la vision, paralysie, coma, mort.

L'intoxication au mercure est appelée maladie de Minamata, du nom d'une ville japonaise dont les habitants, dans les années cinquante, furent atteints de troubles graves, mortels pour les plus vulnérables d'entre eux. La responsable : une usine de matières plastiques, qui rejetait des sels mercuriques, contaminant dans un premier temps les poissons de la baie, puis les populations alentour.

Plus de la moitié des émissions de mercure ont une origine anthropique : incinération des déchets et combustions diverses contribuent à augmenter la teneur des eaux. Dans les lacs canadiens, l'ensemble des espèces piscicoles a dépassé les valeurs jugées limites pour une consommation régulière. Le mercure se promène aussi dans les océans, au Groenland par exemple. Depuis cinq ans, en Norvège, la viande de baleine est interdite aux femmes enceintes. En France, des recommandations ont été émises pour la consommation de poissons prédateurs provenant de la mer.

Une question peut en cacher une autre

Et les autres métaux ?

Le mercure provoque la maladie appelée saturnisme. Un autre métal « lourd », le cadmium, souvent associé au minerai de zinc, engendre troubles osseux, atteintes rénales et cancers gastro-intestinaux.

Par ailleurs, une étude effectuée en Norvège a montré que des personnes atteintes de la maladie d'Alzheimer avaient consommé de l'eau renfermant de l'aluminium.

Qu'est-ce que l'eutrophisation ?

L'eutrophisation résulte de l'enrichissement des eaux continentales en sels nutritifs comme les phosphates et les nitrates. Elle se traduit par une prolifération d'algues et d'autres plantes aquatiques, pouvant conduire à une désoxygénation des couches profondes des eaux lacustres. Le processus, qui mène à la destruction de la faune qui peuple les étangs, est le fruit d'une évolution naturelle des écosystèmes aquatiques. Il est cependant considérablement aggravé par le rejet de polluants anthropiques, issus des eaux urbaines et des activités agricoles. L'eutrophisation insidieuse et galopante, qui se manifeste à l'échelle de quelques décennies, voire même quelques années au lieu de plusieurs milliers, se nomme dystrophisation.

Qu'est devenue la mer d'Aral ?

Cette mer intérieure de Sibérie a subi une véritable catastrophe écologique, suite à des perturbations du cycle de l'eau.

D'une surface initiale de 60 000 km^2, grande autrefois comme le Portugal, elle a perdu la moitié environ de sa surface depuis le début des années 1960 et s'est séparée en deux bassins, la Grande et la Petite Aral. Principale responsable : une diminution progressive des apports d'eau douce suite à la dérivation d'une partie importante des eaux de l'Amou-Daria et du Syr-Daria, les deux grands fleuves qui s'y déversent. Le tout afin d'irriguer les cultures cotonnières des steppes de l'Ouzbékistan. 10 000 litres d'eau qui sont nécessaires pour produire un kilogramme de coton. L'évaporation particulièrement intense dans ces régions arides a provoqué un déficit notable dans l'apport d'eau douce à la mer d'Aral, dont la salinité a augmenté à tel point que les vingt-quatre espèces de poissons qui y vivaient ont progressivement disparu. Seules quelques crevettes parviennent à résister et une étrange raie mutante a fait son apparition. Les pêcheurs du port de Muynak, aujourd'hui à plus de soixante kilomètres des rives actuelles, ont cessé toute activité. La mortalité infantile et les maladies graves (tuberculose, cancers, affections du sang) ont d'ailleurs explosé dans cette cité autrefois prospère.

Des dunes aux sables enrichis en sel se sont formées là où la mer a disparu et où subsistent des navires échoués en plein désert. Les tempêtes de sable polluent l'air des villes riveraines augmentant la fréquence des maladies respiratoires. Le sable, gris et salé, empoisonne l'environnement jusqu'en Arctique. Le climat s'est totalement transformé : les températures qui oscillaient jadis entre – 25 °C et + 35 °C s'étalent maintenant de – 50 °C à + 50 °C. L'eau potable est devenue salée et l'abus d'engrais, de nitrates et de pesticides a pollué l'atmosphère. La teneur en pesticides de la nappe phréatique est telle que les eaux de boisson n'y sont plus, depuis longtemps, conformes aux normes minimales de potabilité.

En Afrique, le lac Tchad se rétrécit comme peau de chagrin, lui aussi. Sa superficie est tombée de 25 000 à 1 350 km^2, principalement du fait de la sécheresse mais aussi d'une irrigation excessive, les interventions humaines ayant bouleversé le cycle de l'eau.

Peut-on sauver la mer d'Aral ?

Après l'effondrement de l'URSS en 1991, l'aide internationale s'est précipitée dans cette région.

Malheureusement, après de multiples rapports, les experts concluent que la mer d'Aral ne pourra jamais retrouver son niveau initial. Le seul arrêt de la régression de l'Aral nécessiterait une injection immédiate de 30 à 35 km^3 d'eau, ce qui est considéré comme impossible à cause des besoins des plaines cotonnières.

L'Ouzbékistan est actuellement le second producteur mondial de coton et la seule solution réaliste, stopper l'agriculture intensive, n'a pas été envisagée à ce jour.

Pour éviter un désastre humain et social, les institutions internationales ont fourni à la population de l'eau saine et des équipements de santé. La Banque mondiale a financé la création de vingt-cinq stations pour contrôler la qualité de l'eau potable dans toute l'Asie centrale.

Au Kazakhstan, l'espoir renaît avec les projets du président Noursoultan Nazarbaïev qui a projeté de rehausser le niveau de la Petite mer de six mètres, grâce à une digue de 13 km destinée à barrer le goulet la séparant de la Grande mer. Cette portion de mer n'est pas totalement anéantie car le Syr-Daria y parvient par intermittence et l'intervention permettrait à l'industrie de la pêche de renaître et à la ville d'Aralsk de redevenir un port. La population a réuni elle-même les fonds pour construire un barrage de sable pour transformer en lac la mer d'Aral du Nord. L'entreprise ne pourra être poursuivie, affirment les responsables kazakhs, que s'ils obtiennent de la Banque mondiale les fonds nécessaires pour construire un barrage permanent.

Faut-il redouter les clathrates océaniques ?

Les domaines marins situés à la périphérie des continents et le pergélisol des régions arctiques sont riches en méthane. À haute pression ou basse température, ce gaz à effet de serre (gaz naturel) se retrouve piégé sous forme d'hydrates de carbone dans de petites cages constituées de molécules d'eau : les clathrates. Ces structures cristallines, dont l'aspect évoque vaguement celui de la glace, sont viables jusqu'à – 80 °C à la pression atmosphérique. À haute pression, comprimées par une hauteur d'eau de mer d'au moins 300 mètres, elles restent stables jusqu'à 2 à 3 °C. Les clathrates peuvent contenir jusqu'à cent soixante fois leur volume en méthane. Une aubaine en ces périodes de crise énergétique, mais aussi un risque potentiel pour l'environnement.

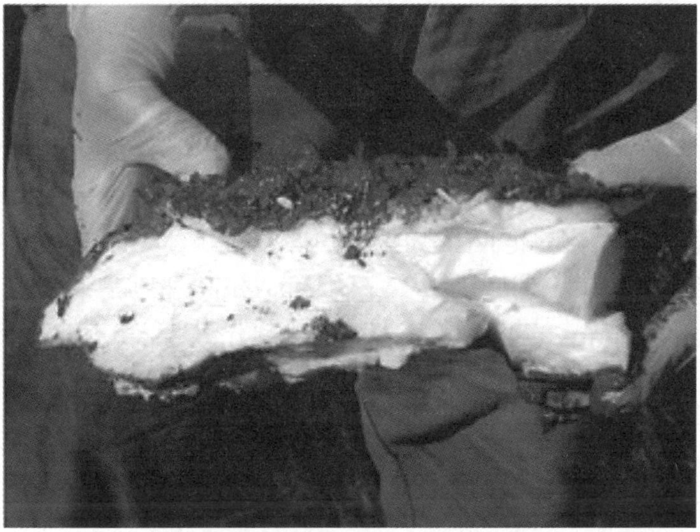

Faciès d'un hydrate de méthane

Manne énergétique ou danger écologique,
les clathrates océaniques se manipulent avec précaution.

Que le niveau marin baisse, allégeant la pression sur les sédiments, ou que la température de l'eau s'élève, suite au réchauffement climatique, et les hydrates risquent de dégazer. D'où une aggravation de l'effet de serre, le pouvoir échauffant du méthane étant vingt fois supérieur à celui du dioxyde de carbone. Selon certains chercheurs, un tel phénomène ne serait pas nouveau et le *clathrat gun*, le canon à clathrates aurait déjà frappé. Les archives climatiques ont laissé soupçonner des couplages entre réchauffement climatique et quantité de méthane dans l'atmosphère. Le méthane s'accumulerait-il dans les clathrates pendant les périodes glaciaires, avant d'être libéré dès les premiers signes de réchauffement, accélérant et amplifiant le processus ? Après une accalmie d'une dizaine d'années, il semblerait justement que les concentrations de méthane dans l'atmosphère soient reparties à la hausse. En outre, les observations effectuées par une équipe russe ont fait état de concentrations très élevées dans l'eau et au-dessus de la mer de Sibérie orientale. Plusieurs campagnes de mesures vont être menées dans l'Arctique pour tenter de cerner le phénomène.

Les hydrates de méthane vont-ils résoudre la crise énergétique ?

Le méthane ou gaz naturel fait partie des énergies fossiles. Si l'on sait aujourd'hui comment récupérer le gaz contenu dans le charbon, ou dans des réservoirs peu perméables comme les sables ou les schistes, les techniques d'exploitation des hydrates de gaz ne sont toujours pas maîtrisées. Il n'existe actuellement aucune production à l'échelle industrielle de ce pactole qui pourtant offrirait de fortes potentialités. Bien qu'il subsiste une controverse à ce sujet, les stocks d'hydrates de méthane dépasseraient largement les réserves mondiales de gaz, pétrole et charbon réunies. De quoi faire fantasmer les exploitants potentiels, qui restent cependant dans l'expectative car l'exploitation des clathrates pourrait s'avérer tout à la fois dangereuse et coûteuse. Si leur prospection est facilitée par le fait qu'ils constituent des niveaux très réflecteurs pour les ondes mises en œuvre dans la prospection sismique, les hydrates de méthane se révèlent vulnérables dès lors qu'ils sont soumis à l'action de forces susceptibles de les déstabiliser : séismes, activités volcaniques, déplacements plus ou moins lents du sous-sol, augmentation de température ou diminution de pression. Les clathrates ne se manipulent qu'avec d'infinies précautions. Les compagnies pétrolières, qui les ont découverts vers les années soixante-dix lors de forages off-shore, le savent bien et évitent soigneusement de déclencher des glissements de terrain qui pourraient entraîner un dégazage massif.

Il n'empêche, devant le spectre de la pénurie énergétique, des pays comme l'Australie, le Canada, les États-Unis et la France marquent leur intérêt pour cette manne énergétique en conduisant de nombreux travaux à ce sujet. L'Inde et le Japon se montrent particulièrement acharnés car susceptibles de passer du statut d'importateurs à celui de producteurs gaziers.

En 2002 un consortium regroupant le Canada, le Japon, les USA, l'Allemagne, l'Inde et divers exploitants pétroliers a permis le forage de quelques puits sur le site de Mallik, au nord-ouest du Canada, dans le delta du Mackenzie. Dans un but scientifique et économique.

Quel est l'impact climatique de la fonte de la banquise ?

La banquise, qui recouvre tout l'océan arctique en hiver, régresse en été. De moitié il y a vingt ans, la diminution atteint les deux tiers aujourd'hui.

L'étude de l'évolution de la banquise revêt une importance climatique considérable, car l'albédo de l'eau liquide est nettement inférieur à celui de la glace. Lorsque la banquise fond, la fraction du rayonnement solaire renvoyée vers l'espace diminue. La Terre absorbe donc plus d'énergie, ce qui amplifie le réchauffement climatique. Avec pour conséquences : un nouveau dessin des cartes de navigation et la perturbation des courants océaniques régulateurs de climat.

En revanche, contrairement à une idée reçue, la disparition de la banquise ne fait pas monter le niveau des océans, pas plus qu'un glaçon qui fond dans un verre d'eau ne fait monter le niveau du liquide dans le récipient. La fonte de la glace, qui flottait grâce à la poussée d'Archimède, s'accompagne d'une diminution de volume et l'eau liquide, plus dense, vient occuper exactement le volume de la portion de glace immergée.

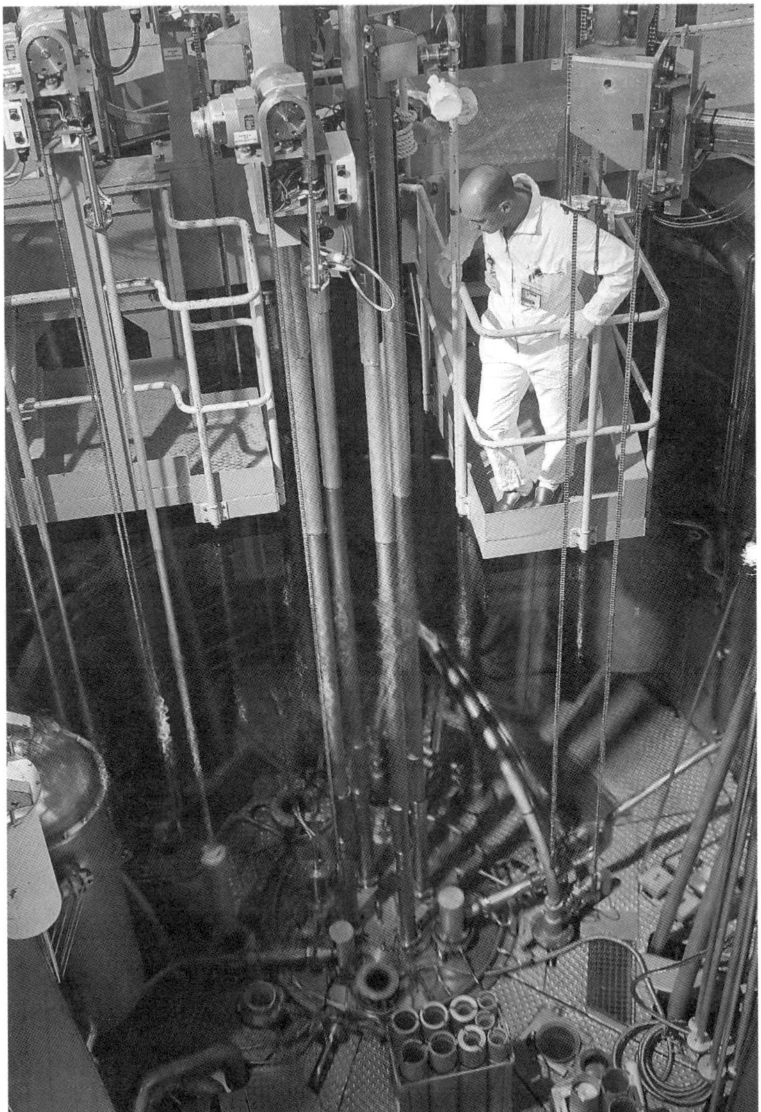

Intervention au-dessus de la piscine du réacteur nucléaire Orphée

Chapitre VII

L'EAU ET LE NUCLÉAIRE

Rien n'est plus souple, rien n'est moins résistant que l'eau, et pourtant il n'est rien qui vienne mieux à bout du dur et du fort.

Lao Tseu

Les molécules d'eau sont-elles toutes identiques ?

La quasi-totalité des molécules d'eau sont identiques, à quelques exceptions près, liées à l'existence de différentes variétés d'oxygène et d'hydrogène.

Les atomes comportent un noyau constitué de nucléons : protons et neutrons. Ceux qui appartiennent au même élément chimique possèdent systématiquement le même nombre de protons, mais le nombre de neutrons peut varier d'un individu à l'autre. Les différentes formes d'un même élément chimique constituent ses isotopes, repérés par le nombre total de nucléons, aussi appelé nombre de masse. L'atome d'hydrogène ordinaire H ou hydrogène 1 comporte un noyau à un seul proton et est de loin le plus répandu dans la nature. Le deutérium D ou hydrogène 2 (un noyau sur un peu plus de 6 500) renferme un proton et un neutron et le tritium T ou hydrogène 3 (moins d'un atome sur dix millions) contient un proton et deux neutrons.

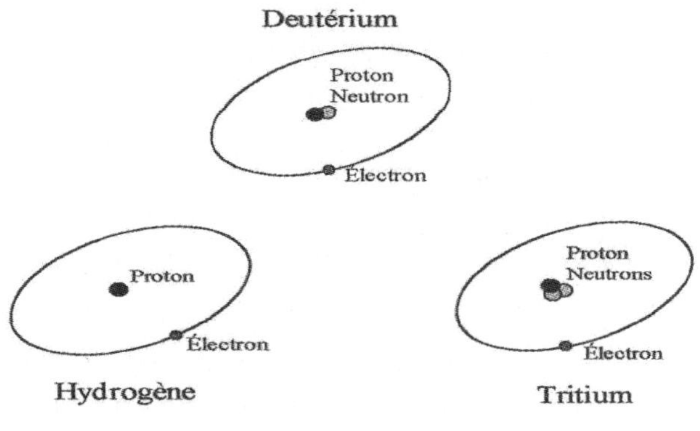

Les trois isotopes de l'hydrogène

Les noyaux des atomes d'oxygène naturel, quant à eux, détiennent tous huit protons, avec un nombre de neutrons allant de huit à dix, d'où l'existence des variétés oxygène 16, oxygène 17 et oxygène 18. La plupart du temps, on a affaire à de l'oxygène 16, mais l'on rencontre aussi à l'état naturel des molécules d'eau avec de l'oxygène 17 (un atome sur 2 500) ou 18 (un atome sur 500[1]).

Répartition moyenne des molécules d'eau dans la nature

Eau légère	Eau (O18)	Eau (O17)	Eau (HDO)	Autres variétés
99,7 %	0,2 %	0,04 %	0,015 %	Traces

La composition isotopique de l'eau est-elle la même partout ?

Non, il existe une véritable discrimination isotopique.

La teneur de l'eau en oxygène 18 (et en deutérium) varie lors des changements d'état (condensation ou évaporation), lors des réactions d'hydratation et de déshydratation, ainsi qu'au cours des processus de transport diffusif. Le pourcentage d'oxygène 18 renseigne sur l'origine de l'eau : eau de mer (prise pour référence), eau météorique (pluie ou neige), eau constitutive des roches et des organismes vivants.

Face au cycle de l'eau, les isotopes lourds et légers n'adoptent pas le même comportement. Les nuages, formés par évaporation de l'eau des océans, sont appauvris en oxygène 18 et en deutérium car l'eau légère s'est évaporée en premier. Le déficit s'accentue lors des précipitations, les nuages perdant encore de l'oxygène 18, qui retombe plus facilement. Plus l'eau a séjourné longtemps dans les nuages, plus elle sera pauvre en oxygène 18. Les eaux polaires, qui se sont condensées plus tard, du fait du mouvement des masses d'eau partant de l'équateur, sont les plus pauvres.

L'eau de pluie montre ainsi une variation importante de la teneur isotopique en fonction des paramètres géographiques. Les rapports isotope lourd/isotope léger diminuent quand la latitude augmente et quand on s'éloigne de la mer. Le rapport D/H de l'eau est de l'ordre de 156 ppm (parties par million) aux

1. Sont omis : les isotopes instables de l'oxygène (de O13 à O20), dont les demi-vies radioactives vont de quelques millisecondes à quelques minutes.

environs de l'équateur et décroît considérablement vers les pôles, avec une valeur caractéristique de 129 ppm au Groenland. On note également une légère diminution lorsque l'altitude augmente.

À l'inverse, l'eau des roches du manteau et de la croûte terrestre présente un excédent d'oxygène 18. Il en va de même pour les organismes vivants, la photosynthèse enrichissant les plantes en oxygène 18, malgré l'apport d'eau de pluie.

Véritable traceur des origines, l'analyse isotopique a connu un fort développement ces dernières années. Elle s'effectue soit par spectrométrie de masse, soit par résonance magnétique nucléaire. Cette dernière technique permet de surcroît la détermination des rapports isotopiques spécifiques aux différents sites chimiques d'une molécule.

Qu'est-ce qu'un réacteur à eau pressurisée ?

Dans les 58 réacteurs à eau sous pression (REP) du parc nucléaire français, répartis sur 19 centrales, le rôle de l'eau est double : ralentir les neutrons, qui initient les réactions nucléaires, et évacuer l'énergie produite sous forme de chaleur.

Le combustible nucléaire à base d'uranium est soumis à un flux de neutrons qui cassent les noyaux atomiques en libérant une énergie phénoménale. Ces réactions s'accompagnent de la production de neutrons secondaires, lesquels peuvent induire des fissions en cascade, selon le principe dit de réaction en chaîne. Seulement, les neutrons lents sont plus efficaces que les neutrons rapides (ils passent plus de temps à proximité des noyaux cibles), ce qui oblige à ralentir les neutrons secondaires. L'eau fait office de modérateur en freinant les neutrons sans les absorber. Lorsque le combustible est de l'uranium naturel, l'eau lourde s'impose mais, dans le cas de l'uranium enrichi, l'eau ordinaire suffit.

Dans les réacteurs REP (PWR en anglais), l'eau sert également de fluide caloporteur, c'est-à-dire qu'elle capte l'énergie libérée et l'évacue vers un échangeur de chaleur. Le transfert thermique permet la vaporisation de l'eau du circuit secondaire, qui fait tourner les turbines destinées à produire l'électricité (comme nous le rappellent nos factures d'électricité, 86 % de la production française est d'origine nucléaire).

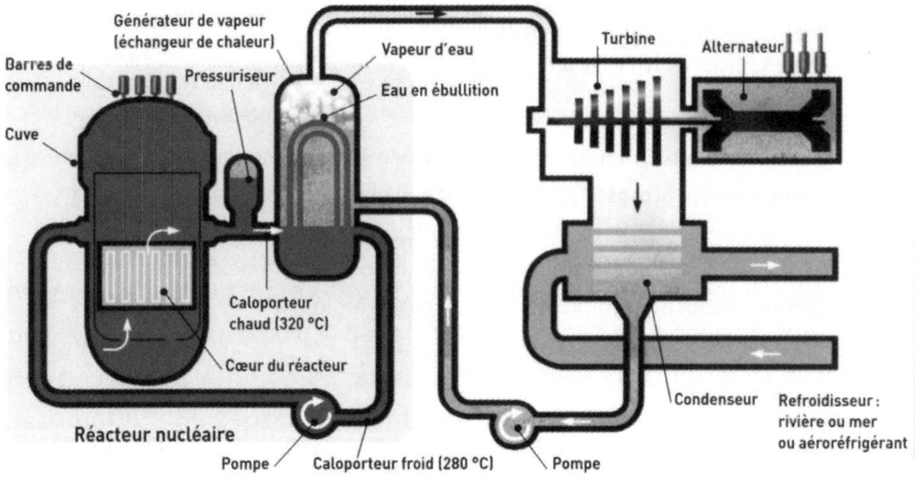

Schéma d'un réacteur à eau sous pression

L'EPR (*European Pressurized Water Reactor*), projet franco-allemand élargi, est un concept de réacteur à eau pressurisée nouvelle génération plus performant, plus respectueux de l'environnement et plus sûr, grâce notamment à un réservoir d'eau interne à l'enceinte de confinement. Forte de l'expérience acquise, EDF construit actuellement son premier réacteur nucléaire de type EPR, sur le site de Flamanville, dans la Manche, afin de préparer la modernisation et le renouvellement de son parc de production. Un second réacteur suivra, à Penly, près de Dieppe, en collaboration avec GDF Suez.

Une dernière précision : dans les filières dites à neutrons rapides, qui utilisent le plutonium comme combustible, l'eau est proscrite car elle ralentirait les neutrons. Un des fluides caloporteurs utilisés est alors le sodium, un métal fondu qui possède un excellent coefficient d'échange thermique. Liquide dès 98 °C, il ne nécessite aucune mise sous pression aux températures de fonctionnement, qui dépassent les 500 °C. En revanche, le sodium s'enflamme spontanément dans l'air et réagit avec l'eau, ce qui oblige à prendre un certain nombre de précautions. L'air est banni du réacteur et remplacé par un gaz inerte : l'argon.

Une question peut en cacher une autre

Pourquoi de l'eau pressurisée ?

Tout simplement pour éviter qu'elle ne se mette à bouillir. Au cœur du réacteur, la température avoisine les 300 °C, ce qui oblige à maintenir une pression élevée. On opère aux alentours de 150 bars, soit cent cinquante fois la pression atmosphérique normale. Il existe toutefois des réacteurs à eau bouillante (REB), aux États-Unis, au Japon ou en Allemagne. C'est alors l'eau du circuit primaire qui entre en ébullition et entraîne directement la turbine, ce qui a priori procure une sécurité moindre.

Pourquoi bâtir les centrales nucléaires au bord de l'eau ?

Dans le circuit primaire d'un réacteur nucléaire à eau sous pression, l'eau sert à ralentir les neutrons responsables de la fission et à évacuer l'énergie dégagée sous forme de chaleur. Celle-ci est transférée à l'eau d'un circuit secondaire qui se vaporise et actionne les turbines qui produisent l'électricité.

Après passage dans celles-ci, la vapeur d'eau du circuit secondaire doit être reconvertie en liquide afin de repartir vers un nouveau cycle. Le refroidissement de la vapeur est assuré par un circuit tertiaire : le condenseur, formé de milliers de tubes dans lesquels circule de l'eau froide puisée dans une source extérieure, fleuve ou mer.

L'eau du condenseur, légèrement réchauffée, est ensuite rejetée vers la source dont elle est issue. Mais, si le débit du cours d'eau s'avère trop faible ou si l'on souhaite limiter l'impact écologique dû au réchauffement, on dote la centrale de tours de refroidissement, comme dans les centrales thermiques classiques ou dans les installations de climatisation. Dans ces « cheminées » de 100 à 150 mètres de hauteur et de 60 à 100 mètres de diamètre, l'eau est refroidie par un courant d'air ascendant, qui s'engouffre par la partie ajourée située à leur base. L'essentiel de l'eau retourne vers le condenseur mais une petite partie s'évapore dans l'atmosphère, créant des panaches blancs caractéristiques qui n'ont, heureusement, rien de radioactif.

Une astuce pour connaître le nombre de réacteurs d'une centrale : compter le nombre de tours de refroidissement (s'il y en a). On en dénombre généralement une par réacteur.

La doyenne des centrales nucléaires françaises : Fessenheim (Haut-Rhin)

Cette centrale, mise en service en 1977, est dépourvue de tours de refroidissement, le débit du Grand Canal d'Alsace étant jugé suffisant. La salle des machines jouxte les enceintes de confinement qui abritent les deux réacteurs.

Quel est l'impact écologique du réchauffement de l'eau ?

Lorsque la température de l'eau rejetée dans les fleuves augmente, la quantité d'oxygène dissous dans l'eau diminue, ce qui nuit à la faune et à la flore aquatiques traditionnelles. D'autant plus que le rejet de composés minéraux par la centrale a tendance à faire proliférer les algues et micro algues, grandes consommatrices d'oxygène.

Solubilité de l'oxygène

Température (°C)	0	10	15	20	25	30	40
Oxygène dissous (mg/L)	14,5	11,3	10,4	9,1	8,2	7,5	6,4

Le rythme physiologique des espèces (reproduction, survie hivernale…) s'en trouve modifié. La température de nocivité est estimée à une trentaine de degrés, parfois moins pour certaines espèces. Les œufs des poissons et des alevins sont les plus sensibles et les aloses, par exemple, succombent au choc thermique dès 23 °C. Un arrêté préfectoral fixe les valeurs de la température limite à l'aval de la centrale et le ΔT (delta T), différence de température admissible entre l'eau et le milieu de rejet. Les limites réglementaires dépendent de la région et de la saison. À titre d'exemple, pour la centrale de Fessenheim, en Alsace, elle sont de 4 °C pendant les mois de juin, juillet, août, de 7 °C pendant les mois de décembre, janvier, février, et de 6,5 °C le restant de l'année.

En cas de dépassement des normes, EDF se voit dans l'obligation d'arrêter ses réacteurs. C'est ce qui s'est produit avec la centrale de Golfech en 1990, la température de la Garonne ayant dépassé 28 °C et son débit ayant accusé une baisse sensible. La canicule d'août 2003, également, fit dépasser les seuils à plusieurs centrales fluviales. Une dérogation gouvernementale permit toutefois aux centrales du Rhône, de la Loire et de la Vienne de fonctionner avec un ΔT plus élevé qu'à l'accoutumée.

Contrairement à une idée reçue, les tours de refroidissement ne constituent pas la panacée universelle. Les conditions y deviennent propices au développement d'amibes, de légionelles par exemple, que des gouttelettes entraînent vers l'extérieur et qui peuvent induire d'importants problèmes respiratoires.

Pourquoi entrepose-t-on le combustible nucléaire en piscine ?

L'eau absorbe la chaleur et une grande partie des rayonnements radioactifs émis par les produits de la fission nucléaire. La capacité calorifique de l'eau est élevée et une hauteur d'eau de quelques mètres constitue un bouclier efficace contre les radiations biologiquement nocives. Chaque réacteur nucléaire dispose ainsi d'une piscine permettant d'accueillir et préparer le combustible neuf à son arrivée, de réceptionner le combustible usé à sa sortie et de recevoir le combustible présent dans le cœur si celui-ci doit être déchargé rapidement, en cas de problème. La piscine réserve en permanence un espace suffisant pour assurer la décharge complète du réacteur.

Piscine d'entreposage du réacteur Cabri

Les assemblages combustibles sont stockés dans des casiers. Le réacteur Cabri, à Cadarache, a été conçu pour étudier les conséquences de quelques situations accidentelles sur le comportement des combustibles nucléaires.

Le stockage s'effectue dans des casiers métalliques verticaux, ou *racks*, séparés d'une quarantaine de centimètres, sécurité oblige. Une trop grande concentration de combustible risquerait en effet de créer une masse critique et de déclencher de nouvelles réactions de fission. L'ajout de bore, bon absorbant de neutrons, assure une protection supplémentaire.

Tous les ans, on renouvelle un tiers environ du combustible nucléaire. Lors de cette opération, la partie supérieure du réacteur est mise en communication avec la piscine adjacente, de manière à le remplir d'eau et protéger ainsi le personnel chargé de diriger la télémanipulation. Le combustible usé, dont la température dépasse les 80 °C, est ensuite transféré, toujours sous eau, vers la piscine d'entreposage où il séjourne deux à trois ans. Au fur et à mesure que le temps passe, les composés radioactifs se refroidissent et se désintègrent, perdant de leur virulence. Une fois que leur activité a suffisamment chuté, on peut envisager le transfert du combustible vers les usines de retraitement. Le transport s'effectue sous haute surveillance, par route ou par rail, dans des containers blindés : les « châteaux ».

À leur arrivée, les produits radioactifs sont à nouveau stockés en piscine. D'une capacité totale de 14 400 tonnes (on prévoit une extension à 18 000 tonnes), les quatre bassins de La Hague reposent sur un système de plots antisismiques. Longs chacun de cinquante mètres, larges de seize et profonds de neuf, ils sont alimentés en eau déminéralisée, filtrée et refroidie en permanence, afin d'éviter que la température ne dépasse 45 °C. Chaque piscine peut ainsi évacuer des puissances thermiques de l'ordre de plusieurs mégawatts. La radioactivité de l'eau est étroitement surveillée de manière à déceler immédiatement toute fuite due à une mauvaise tenue des assemblages. Si nécessaire, on la purifie. Actuellement 7 500 tonnes de combustible, dont 7 000 appartiennent à EDF, séjournent à La Hague, en attente de retraitement.

Qu'est-ce que l'eau lourde ?

L'appellation eau lourde est réservée à une molécule d'eau possédant deux atomes de deutérium. Dans l'eau semi-lourde, ou eau mixte HDO, un seul des atomes d'hydrogène léger a été remplacé par du deutérium. Un atome d'hydrogène sur 6 500 étant un atome de deutérium, la probabilité d'obtenir deux atomes de deutérium dans une même molécule est extrêmement faible, si bien que l'eau lourde est encore bien moins répandue dans la nature que l'eau semi-lourde.

Les propriétés physiques de l'eau lourde diffèrent légèrement de celles de l'eau ordinaire. L'eau lourde, plus visqueuse que l'eau ordinaire, est plus dense, d'où son appellation. À la pression atmosphérique standard et à 20 °C, la densité de l'eau lourde est de 1,106 au lieu de 0,98 pour l'eau légère. Un glaçon d'eau lourde coulerait donc dans de l'eau ordinaire !

La densité de l'eau lourde passe par un maximum à 11,6 °C contre 3,98 °C pour l'eau ordinaire. À pression standard, elle bout à 101,42 °C et gèle à 3,82 °C et son pH est de 7,4 au lieu de 7, c'est-à-dire qu'elle est légèrement alcaline.

Une question peut en cacher une autre

L'eau lourde est-elle inoffensive ?

A priori oui, car elle possède les mêmes propriétés chimiques que l'eau légère et n'est pas radioactive, contrairement à l'eau superlourde, qui renferme du tritium.

Les molécules d'eau lourde étant un peu moins mobiles que les molécules d'eau légère, du fait de leur masse plus élevée, des réactions biologiques comme les divisions cellulaires s'en trouveraient ralenties, ce qui pourrait présenter un intérêt dans le traitement des cellules cancéreuses. La réduction du nombre de mitoses causerait progressivement la destruction des tissus qui nécessitent une rapide régénération. Après plusieurs jours d'ingestion d'eau lourde, on constate un ralentissement des divisions cellulaires, notamment pour les cellules à renouvellement rapide, comme celles qui constituent les cheveux ou tapissent les parois de l'estomac.

Pourquoi certains réacteurs utilisent-ils l'eau lourde ?

L'uranium intéressant d'un point de vue nucléaire est l'isotope 235, dit fissile car il peut subir la fission, qui dégage de l'énergie. Or l'uranium naturel contient une majorité d'uranium 238. On cherche donc à augmenter la teneur du combustible en uranium 235, en l'enrichissant. La technologie de la centrale dépend du degré d'enrichissement et c'est là qu'intervient l'eau lourde.

Dans le réacteur, la fission des noyaux d'uranium produit des neutrons, que l'on utilise pour induire d'autres fissions, selon le mécanisme de réaction en chaîne. Dans les filières nucléaires classiques, les neutrons qui viennent casser l'uranium doivent posséder des vitesses faibles pour rester plus longtemps au voisinage des noyaux et provoquer la fission. Les neutrons secondaires émis à cette occasion étant rapides, il faut les ralentir avant de les réutiliser. Les molécules légères, comme l'eau ou le graphite, sont les plus aptes à freiner les neutrons, dont les vitesses passent ainsi de 20 000 km à 2 km par heure, mais en même temps elles ont une fâcheuse propension à les phagocyter. Afin d'éviter l'arrêt de la réaction, les premiers réacteurs, qui carburaient à l'uranium faiblement enrichi, employaient l'eau lourde car celle-ci absorbait moins de neutrons que l'eau normale.

Actuellement, les 58 réacteurs à eau pressurisée français peuvent utiliser l'eau normale à la fois comme modérateur et comme liquide réfrigérant car ils exploitent de l'uranium enrichi. Les réacteurs civils canadiens de type CANDU, en revanche, doivent recourir à l'eau lourde, qui constitue environ 20 % de l'investissement financier de chaque réacteur.

Par ailleurs, les réacteurs à eau lourde génèrent aussi du plutonium, lequel permet, après retraitement, un programme militaire de fabrication d'armes nucléaires, comme en Inde, au Pakistan, en Israël et en Corée du Nord, entre autres… En court-circuitant l'enrichissement de l'uranium, plus coûteux et plus difficile à mettre en œuvre.

Où et comment fabrique-t-on l'eau lourde ?

L'eau lourde est chère : elle se négocie à plusieurs milliers d'euros le litre. Le Canada caracole en tête de la production d'eau lourde, suivi par l'Inde, l'Argentine et la Norvège. De fait, toutes les nations qui développent les armes nucléaires en produisent plus ou moins. Distillation, électrolyse ou échange isotopique sont les méthodes les plus répandues.

La distillation exploite les différences de masse entre l'hydrogène et son isotope lourd, le deutérium. L'eau lourde étant moins volatile que l'eau légère (elle bout à 101,4 C), le chimiste américain Harold Urey, futur Prix Nobel, fait évaporer de grandes quantités d'eau et obtient ainsi, en 1932, un résidu contenant de l'hydrogène lourd, qu'il identifie par spectroscopie.

Les réactions chimiques auxquelles participe l'eau lourde étant plus lentes que dans le cas de l'eau légère, on peut aussi procéder par électrolyse. L'eau légère réagit préférentiellement aux électrodes pour libérer de l'hydrogène et de l'oxygène et le bain réactionnel s'enrichit progressivement en eau lourde. En réitérant l'opération, Gilbert Newton Lewis et Mac Donald réussissent à fabriquer de petites quantités d'eau lourde pure en 1933[1].

En 1934, on en était encore au stade artisanal, quand *Norsk Hydro* construisit la première installation commerciale à Vemork en Norvège, pays riche en hydroélectricité. L'usine, qui produisait douze tonnes par an, se montrait particulièrement gourmande en énergie : 100 kWh en effet s'avéraient nécessaires pour obtenir un gramme d'eau lourde. Pendant la Seconde Guerre mondiale, les Alliés décidèrent de saboter l'usine occupée par l'Allemagne, désireuse de s'assurer le concours du précieux liquide pour gagner la course à la bombe atomique et développer les armes nucléaires. La bataille de l'eau lourde, riche en péripéties, devait coûter la vie à nombre de personnes. L'épisode final du lac Tinnsjo, dans lequel des partisans norvégiens coulèrent le bac destiné à convoyer l'eau lourde vers l'Allemagne, a servi de toile de fond au film d'Anthony Mann : *les Héros de Télémark*.

Par la suite, les procédés d'échange isotopique (ammoniac-hydrogène ou eau-sulfure d'hydrogène) qui exploitaient les différences d'affinités de l'hydrogène léger et du deutérium pour différents composés, devaient conquérir la faveur

1. L'eau lourde a d'ailleurs tendance à se concentrer au fond des bacs de batteries au plomb suite aux électrolyses répétées.

des industriels et occuper le devant de la scène. Au Canada, ce fut le procédé au sulfure d'hydrogène de Girdler, peu écologique car libérant de grandes quantités de ce gaz à odeur d'œufs pourris. Au-delà d'une centaine de degrés, le deutérium contenu dans l'eau a plus d'affinités pour le sulfure d'hydrogène et va s'y fixer. Le sulfure d'hydrogène enrichi en deutérium passe ensuite dans une tour où se produit l'échange inverse car, à la température de 30 à 40 °C qui règne dans cette partie de l'installation, c'est l'eau qui a le plus d'affinité pour le deutérium. Au bilan, par cascades, l'eau s'enrichit jusqu'à 30 % avant qu'une unité de distillation ne parachève le travail à 99,75 % (l'utilisation d'eau lourde requiert une pureté minimale de 99 %). Créée en 1979, d'une capacité annuelle de 700 tonnes, l'usine d'eau lourde de Bruce, dans l'Ontario au Canada, était la plus grande du monde. Fermée en 1997, elle a été progressivement démantelée et le site dépollué.

La France possède des stocks d'eau lourde, à Saclay et à Cadarache, importée de Norvège et des États-Unis avant 1967. Un pilote industriel a fonctionné à Toulouse pendant un an environ, de même qu'une usine à Mazingarbe dans le Nord, entre 1967 et 1972.

Une question peut en cacher une autre

La production d'eau lourde est-elle réglementée ?

Oui, par le biais de l'Agence internationale de l'énergie atomique de Vienne. Le Traité de non-prolifération nucléaire impose, en principe, aux gouvernements signataires un contrôle de la production et de l'utilisation de l'eau lourde, ainsi qu'une protection physique efficace pour prévenir les vols.

Comment l'eau lourde détecte-t-elle les neutrinos solaires ?

L'observatoire de Sudbury, dans l'Ontario au Canada, détecte les neutrinos solaires grâce à de l'eau lourde.

Les neutrinos sont de minuscules particules élémentaires produites lors des réactions de fusion thermonucléaire qui ont leur siège à l'intérieur du Soleil. Alors que les photons se dégradent en passant de l'intérieur à l'extérieur du Soleil, oubliant ainsi leur origine, les neutrinos traversent indemnes la matière solaire, nous livrant un message intact des conditions, notamment de température, qui règnent en son centre. Seulement, bien que notre planète reçoive chaque seconde 70 milliards de neutrinos par cm^2, leur absence d'interaction avec la matière rend leur capture malaisée. Leur petite taille et leur neutralité électrique leur permettent de traverser la Terre de part en part.

C'est là qu'intervient l'eau lourde. L'interaction des neutrinos avec le deutérium qu'elle contient libère des électrons dont la vitesse dépasse celle de la lumière dans l'eau. Ce qui se traduit par l'émission de cônes de lumière, enregistrés par une dizaine de milliers de photomultiplicateurs insérés dans le plastique de cellules hexagonales. Le phénomène, baptisé effet Cerenkov, se compare à l'onde de choc engendrée par un avion lorsque sa vitesse dépasse celle du son dans l'air.

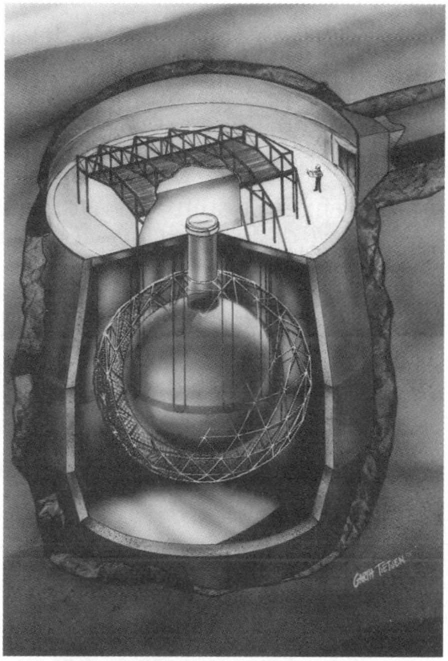

L'ensemble du piège à neutrinos (vue d'artiste)

Quelque mille litres d'eau lourde ont donc été enterrés dans la mine désaffectée de Creighton, à plus de deux kilomètres de fond, dans une sphère d'acrylique de cinq centimètres d'épaisseur et de douze mètres de diamètre. Le réservoir a été immergé dans un bain d'eau légère ultrapure, chargé d'absorber le rayonnement parasite émis par les roches avoisinantes, qui servent de blindage contre les rayons cosmiques, producteurs de neutrinos, eux aussi.

Zoom sur le réservoir d'eau lourde

Le système fonctionne presque continuellement depuis novembre 1999. Il détermine le taux, l'énergie et la direction des neutrinos émis au cœur du Soleil. La fréquence de détection ne dépassant guère un événement toutes les heures, plusieurs journées s'avèrent nécessaires pour collecter les données qui permettent une analyse complète. Celle-ci a permis de mieux cerner les processus à l'origine de l'énergie libérée par le Soleil et d'affiner nos connaissances sur les neutrinos.

Une question peut en cacher une autre

Qu'appelle-t-on déficit des neutrinos solaires ?

Les premières expériences de détection des neutrinos solaires, conduites dans les années 1960, avaient fait état d'un flux de neutrinos trois fois plus faible que ce que prévoyaient les modèles théoriques. Ce déficit en neutrinos devait tarauder la communauté scientifique pendant une bonne trentaine d'années. Le désaccord provenait-il de l'imperfection des modèles solaires ou de propriétés inconnues des neutrinos ?

Les physiciens des particules recensaient alors trois types de neutrinos, se distinguant par leur « saveur » : les neutrinos électroniques, muoniques et tauniques. Les seuls neutrinos détectables dans les expériences radiochimiques des débuts étaient les neutrinos électroniques. Mais les neutrinos issus des réactions thermonucléaires appartenant précisément à cette catégorie, on voyait mal comment expliquer le déficit enregistré.

La balle restait dans le camp des physiciens. Dans le modèle standard de la physique des particules, le neutrino se déplaçait à la vitesse de la lumière et était dépourvu de masse, ce qui lui interdisait d'osciller entre plusieurs états. Les choses en restèrent là jusqu'à l'émergence de théories alternatives, qui accordaient une très faible masse au neutrino. Dès lors une transformation d'une partie des neutrinos solaires en neutrinos muoniques, lors de leur voyage vers la Terre, devenait plausible. Sensibles à tous les types de neutrinos, les détecteurs de Sudbury ont confirmé cette métamorphose.

Quels sont les dégâts de l'eau tritiée ?

Découvert en 1934 par Rutherford, Oliphant et Arteck, le tritium est l'isotope le plus lourd de l'hydrogène, le seul à être radioactif et reconnu cancérigène. Sa demi-vie vaut 12,3 ans, c'est-à-dire qu'au bout de ce laps de temps, la moitié des noyaux des atomes qui le constituent se sont désintégrés. Le député Christian

Bataille, rapporteur de la loi homonyme, a officiellement constaté que le tritium était une matière thermonucléaire présentant pour la santé humaine « des dangers incontestables, qu'il convenait de ne jamais oublier ».

Exceptionnellement mobile, le tritium se dissémine facilement dans l'environnement. Il se substitue très facilement à l'hydrogène léger et participe à ce titre au cycle de l'eau. C'est sous forme d'eau tritiée, essentiellement, que le tritium sera absorbé (10 000 fois ou 25 000 plus que sous forme de gaz) et assimilé par les êtres vivants.

Le rayonnement radioactif étant peu pénétrant, la peau suffit à faire barrage en cas de contact cutané. Par contre, en cas d'ingestion d'eau tritiée par les boissons ou les aliments, une trentaine de minutes seulement sont nécessaires à sa diffusion dans l'ensemble du corps humain. Lors d'une contamination chronique, la fixation semble avoir lieu principalement dans les lipides du système nerveux central, plus que dans la peau, les muscles ou les cellules adipeuses. Une partie non négligeable du tritium s'incorpore à l'ADN dont il casse les brins. Les tissus à renouvellement rapide sont plus particulièrement touchés. Dans le cas des fœtus, tous les tissus sont atteints.

La période biologique de l'eau tritiée est d'une dizaine de jours, c'est-à-dire qu'au bout de ce las de temps, l'organisme en aura éliminé la moitié, par voie urinaire ou fécale essentiellement. En cas d'ingestion d'eau tritiée, l'administration de diurétiques et de grandes quantités d'eau légère (de quatre à six litres) accélère le renouvellement de l'eau cellulaire. Une dialyse péritonéale complète éventuellement le traitement.

Une question peut en cacher une autre

D'où vient le tritium ?

Le tritium est produit en continu et de manière naturelle dans la haute atmosphère, par interaction du rayonnement cosmique avec les molécules d'air. Incorporé à l'eau de pluie, il se dépose à la surface du globe. Mais le tritium est aussi, et surtout, le fruit des activités humaines.

La quantité de tritium formé dans les centrales nucléaires est liée aux filières et à leur puissance. Dans les réacteurs à uranium ou plutonium, à côté de la fission ordinaire qui produit deux noyaux moyens et des neutrons rapides, coexiste une fission ternaire (un cas sur dix mille) qui génère trois noyaux, dont un noyau léger comme le tritium. Celui-ci peut migrer et rester piégé dans les gaines en zircaloy des crayons qui enrobent le combustible, ou passer en solution, sous forme d'eau tritiée, pendant la phase de dissolution du combustible irradié. Le tritium est également produit par activation neutronique d'éléments légers, comme le bore ou le lithium, présents dans le circuit primaire des réacteurs à eau sous pression. Dans les centrales à eau lourde enfin, l'absorption de neutrons par le deutérium qu'elle renferme cette crée des quantités importantes de tritium, qui peuvent être extraites et utilisées, comme au Canada.

Les usines de retraitement des déchets radioactifs sont autorisées à libérer du tritium dans le milieu aquatique, à condition de respecter des seuils annuels. Dans les centrales elles-mêmes, une faible partie de l'eau des installations, issue de certaines opérations d'exploitation et de maintenance, n'est pas réutilisable. Les effluents sont alors traités, stockés, puis contrôlés avant d'être évacués dans les cours d'eau. Quant aux rejets de tritium dans l'air, ils proviennent surtout de l'épuration des circuits. Après stockage dans des réservoirs où leur activité décroît naturellement, les composés sont libérés dans l'atmosphère par la cheminée de ventilation.

Si les 85 % du tritium d'origine anthropique sont le fruit des activités d'EDF, les 15 % restants proviennent des hôpitaux, des centres de recherche, des unités de production et de maintenance des armements nucléaires ainsi que des usines de fabrication d'agents de scintillation : peintures luminescentes pour l'horlogerie, marquage des voies de secours en aéronautique, feux de piste dans les aéroports, panneaux de sortie d'urgence, boussoles… Les hôpitaux et les centres de recherches manipulent le tritium en tant que traceur biologique. Les militaires l'utilisent dans les têtes à fission dopée, qu'ils renouvellent régulièrement car au bout de 12,3 ans, la moitié du tritium initial s'est désintégrée par radioactivité.

Entre les années 1952 et 1963, les essais d'armes nucléaires ont rejeté 650 kg de tritium, cent fois plus que l'activité naturelle, collecté majoritairement par les océans. Il en reste une bonne vingtaine de kilogrammes.

Qu'est-ce qu'un réacteur à eau supercritique ?

Encore à l'état de concept, les réacteurs à eau supercritique font partie des réacteurs de quatrième génération susceptibles d'être déployés à l'horizon 2040. Leur étude s'effectue dans le cadre du Forum international Génération IV, qui comprend onze pays dont la France, les USA et le Canada. Certains projets prévoient le recours à l'eau supercritique comme fluide caloporteur, au lieu de l'eau pressurisée ou bouillante des réacteurs de seconde génération, actuellement en service, et de l'EPR, réacteur de troisième génération prévu pour 2010.

Le rendement d'une centrale nucléaire augmente avec la température. Les réacteurs de seconde génération ont des rendements de 33 à 34 % et l'EPR devrait atteindre 37 %. Avec des réacteurs à eau supercritique, on espère parvenir à 45 %. De plus, l'utilisation de l'eau sous une seule phase éviterait d'éventuelles crises d'ébullition, toujours possibles lorsque le liquide peut se transformer en vapeur. Ce phénomène redouté limite la puissance des systèmes actuels.

Peut-on pister les molécules d'eau ?

Oui, grâce au tritium, par exemple, qui est radioactif. Les noyaux des atomes radioactifs émettent spontanément un rayonnement que des détecteurs appropriés enregistrent. Le remplacement d'un atome d'hydrogène léger par un noyau de tritium permet de suivre les pérégrinations de la molécule d'eau. En laboratoire, les chimistes et les biologistes utilisent couramment des isotopes radioactifs pour pénétrer les mécanismes de réaction.

Les rejets de tritium du centre de retraitement des déchets nucléaires de la Hague ont permis de retracer le mouvement des masses d'eau dans la Manche et la mer du Nord, livrant de précieuses indications sur leur temps de parcours d'une zone à une autre.

Hydraulique. Canal et Ecluses.

L'eau domestiquée

Planche extraite de l'*Encyclopédie* de D'Alembert

Chapitre VIII

LES DÉFIS DE L'EAU

Et qu'est-ce qu'on brûlera à la place du charbon ?
– L'eau, répondit Cyrus Smith.
– L'eau, s'écria Pencroff, l'eau pour chauffer les bateaux à vapeur et les locomotives, l'eau pour chauffer l'eau !

Jules Verne
L'Île mystérieuse

Pourquoi un bateau ne coule-t-il pas ?

L'eau exerce des forces de pression sur la coque du navire, que l'on peut ramener à une force unique, la poussée d'Archimède, qui équilibre le poids. Quand le navire est droit, le centre de poussée, centre de la partie immergée, est situé à la verticale du centre de gravité.

Les voiliers monocoques, dont la quille est lestée, se comportent à la manière d'un pendule. Dès qu'ils penchent, le poids tend à les ramener à la verticale, les empêchant de chavirer.

Sur les autres bateaux, le centre de gravité est situé plus haut que le centre de poussée. Quand il y a gîte, la poussée d'Archimède se décale par rapport au poids, produisant un couple qui redresse le navire si celui-ci est correctement conçu. Plus large est la coque, meilleure est la stabilité, ce qui justifie le système multicoques de compétition. Le centre de gravité ne doit pas se trouver trop haut non plus sinon le bras de levier est trop faible. C'est la raison pour laquelle les pétroliers, en route vers les lieux de production, sont lestés avec de l'eau.

Le 10 août 1628, le vaisseau amiral de la flotte suédoise, le Vasa, coulait le jour même de son inauguration. Long d'une soixantaine de mètres, large de près de 12 mètres, équipé de trois mâts dont l'un atteignant 49 mètres, ce navire richement décoré pouvait supporter une dizaine de voiles. Il possédait quatre ponts et sa poupe s'élevait à 18 mètres au-dessus de sa quille. La raison exacte du naufrage n'a jamais pu être déterminée avec certitude. Une charge excessive en hauteur et donc un centre de gravité trop élevé auraient produit un couple de redressement insuffisant pour s'opposer à la poussée de vent latérale, particulièrement importante vu la hauteur des mâts. S'en serait suivie une rentrée d'eau par les sabords restés ouverts pour tirer des salves de canon. Renfloué en 1961, ce vaisseau est à présent le musée le plus visité de Stockholm.

Pourra-t-on marcher sur l'eau ?

Des punaises aquatiques, les gerris, et des lézards d'Amérique tropicale, les basilics, le peuvent déjà. Chacun à sa manière, avec deux techniques totalement différentes, dont les chercheurs tentent de s'inspirer pour créer des robots marcheurs capables d'arpenter la surface de l'eau.

Les gerris, qui mesurent à peine un centimètre de long, courent et sautent sur l'eau à des vitesses d'un mètre par seconde ce qui, rapporté à la taille humaine, équivaudrait à plus de 700 km par heure. Cette performance est possible, comme l'a expliqué en 2003 John W.M. Bush du MIT dans la revue *Nature*, car l'eau possède une tension superficielle suffisamment élevée. La surface de l'eau se comporte comme une fine pellicule extensible et élastique sur laquelle prennent appui les trois paires de pattes du gerris, entièrement équipées de structures micrométriques en pointes, de soies superhydrophobes, qui augmentent la surface de contact.

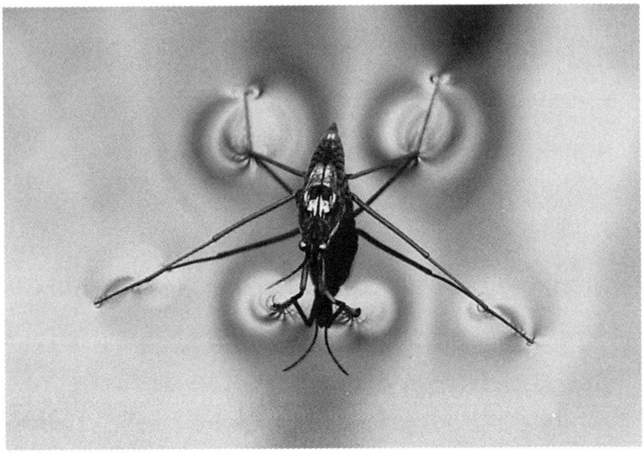

Gerris à la surface de l'eau

Des photographies prises à la caméra ultrarapide ont montré l'existence de deux tourbillons hémisphériques dans le sillage de chacune des pattes médianes. Les insectes poussent l'eau vers le bas, créant des tourbillons en forme de fer à cheval se traduisant par un mouvement de l'eau en sens inverse, ce qui assure la propulsion de l'insecte, à la manière des pales d'un avion, en participant aux transferts de quantité de mouvement et d'énergie. Des chercheurs américains, de l'équipe de Metin Sitti, ont fabriqué des « araignées » d'eau constituées de huit pattes faites de fines tiges métalliques recouvertes de matière plastique hydrophobe et longues de sept centimètres environ. Leur corps, en fibre de carbone, supporte des actionneurs piézo-électriques, qui font office de muscles en se déformant en fonction du courant qui les parcourt. L'animal reçoit l'électricité par des fils et trois circuits permettent de contrôler ses mouvements. Metin Sitti espère créer une version plus élaborée qui pourrait effectuer des mesures chimiques en eaux stagnantes. Pour un homme toutefois, il faudrait un tour de pied de plusieurs kilomètres.

Les basilics, pour leur part, réussissent à courir sur l'eau à des vitesses d'une dizaine de kilomètres par heure. En 1996, des chercheurs du MIT, James Glasheen et Thomas McMahon, ont filmé la course d'un basilic à l'aide d'une caméra ultrarapide : le mouvement se décompose en trois phases.

La première étape s'apparente au plat d'un plongeur. Le lézard frappe la surface de l'eau de sa patte et, ce faisant, lui cède une partie de sa quantité de mouvement. Il accélère un petit volume d'eau et l'eau répond en exerçant une force d'impact sur la patte, ce qui la ralentit.

Lors de la seconde étape, la patte s'enfonce, suffisamment vite pour que l'eau ne la recouvre pas immédiatement. Il se crée dans l'eau une poche d'air en forme de cavité cylindrique. L'eau des parois se met ensuite en mouvement et le cylindre d'air rétrécit. Durant cette phase, elle exerce sur la patte une force de traînée hydrodynamique, proportionnelle au carré de la vitesse, à la surface du pied et à la masse volumique de l'eau, à laquelle s'ajoute une force due à la pression hydrostatique, qui croît avec la profondeur.

Lors de la troisième étape, le basilic retire rapidement sa patte avant que la cavité se referme. Le temps qu'elle met à se combler, une cinquantaine de millisecondes, conditionne le rythme des foulées.

La force exercée est largement suffisante pour de jeunes spécimens ne pesant que quelques grammes. La marge est plus réduite pour des sujets plus âgés, dont la masse est de l'ordre de deux cents grammes. Pour un homme de 70 kilogrammes dont la plante de pied fait 300 cm^2, il faudrait une vitesse d'impact de sept mètres par seconde, soit une puissance de cinq kilowatts, très supérieure à celle d'un athlète qui délivre 1,5 kilowatt au sprint. Et, en tenant compte de la durée réduite du contact par rapport à la foulée ainsi que des forces horizontales, J. Glasheen et Th. McMahon arrivent à une vitesse d'impact non plus de sept mais de trente mètres par seconde !

Verra-t-on des sous-marins supersoniques ?

Dans l'eau, comme dans tout fluide, la vitesse est limitée par l'existence de forces de freinage qui constituent la traînée. Pour diminuer la traînée, qui croît fortement avec la vitesse, on peut jouer sur la forme du mobile mais le choix de structures bien profilées reste insuffisant car l'eau est près de mille fois plus dense que l'air. Sous les mers, l'obtention de vitesses élevées est le fruit d'une technique innovante, la supercavitation, développée par les Soviétiques pendant la guerre froide et consistant à créer une chemise de vapeur qui prévient le contact direct avec l'eau. Lors de son passage, la tête de l'engin supercavitant écarte l'eau qui se vaporise suite à la diminution de pression. Des bulles se forment, qui se rejoignent pour n'en former qu'une seule si la vitesse est suffisante. Dans les torpilles soviétiques *Shkval* (requin en Russe), une partie des gaz de propulsion est réinjectée derrière la tête de l'appareil pour contribuer à la formation et à la stabilisation de la bulle. Les Américains, qui affirment avoir déjà cassé le mur du son avec une balle supercavitante, planchent actuellement sur des modèles de sous-marins de 2 à 3 mètres de diamètre, capables de transporter du matériel et de petites unités. Leur vitesse, bien que nettement supérieure à celle des engins classiques, ne devrait toutefois pas excéder 200 km/h !

Comment mesure-t-on le niveau de la mer ?

Par satellite : *Jason 2* a succédé à *Jason 1*, qui lui-même a pris la relève de *Topex-Poséidon*. Surveillant de près les océans, il enregistre les moindres variations du niveau de la mer grâce aux cinq instruments qui ont pris place à son bord.

Le principal d'entre eux, l'altimètre, émet des ondes radar, qui voyagent à la vitesse de la lumière et se réfléchissent sur l'eau. La mesure très précise de la durée du trajet aller et retour permet le calcul de la distance qui sépare le satellite et la surface de l'eau. Les mesures sont effectuées toutes les secondes et un cycle complet dure dix jours, de quoi assurer une couverture complète des océans.

Le radiomètre embarqué collecte le rayonnement émis par la surface des océans. En combinant les mesures effectuées à trois fréquences différentes, il en déduit le contenu de l'atmosphère en vapeur d'eau et en eau liquide. Ceci afin de corriger les mesures altimétriques, les ondes radars étant ralenties par l'eau.

© CNES - Avril 2005/Illus D. Ducros

Le satellite d'observation océanique Jason

Trois systèmes de localisation (un système DORIS, un récepteur GPS et un réflecteur laser) se complètent pour permettre une mesure à deux centimètres près de la position du satellite. Ces dix dernières années, le niveau moyen de la mer a augmenté de 2,5 millimètres par an, à 0,5 millimètre près. L'élévation des eaux est imputable principalement à la dilatation thermique entraînée par le réchauffement de l'atmosphère. La fonte des glaciers n'intervient qu'en second lieu, loin derrière.

Comment dessale-t-on l'eau de mer ?

L'approvisionnement en eau douce pose des difficultés évidentes dans des pays désertiques comme l'Algérie, l'Arabie saoudite ou les Émirats, mais le problème se pose également à l'intérieur de zones sèches très peuplées comme le Sud californien ou la Floride. Le marché du dessalement, qui produit un pour cent de l'eau potable (25 millions de m^3 par jour), a aussi gagné les îles des zones méditerranéennes : Chypre, Malte et les Baléares, où l'eau des nappes phréatiques présente un taux de salinité élevé.

Si le remorquage d'icebergs depuis les régions polaires, un temps envisagé sous la houlette du « Prince de l'eau » Mohammed al Faiçal, est resté à l'état de projet, trois procédés plus classiques se partagent le marché. Il s'agit de la distillation, de l'osmose inverse et, dans une moindre mesure, de l'électrodialyse.

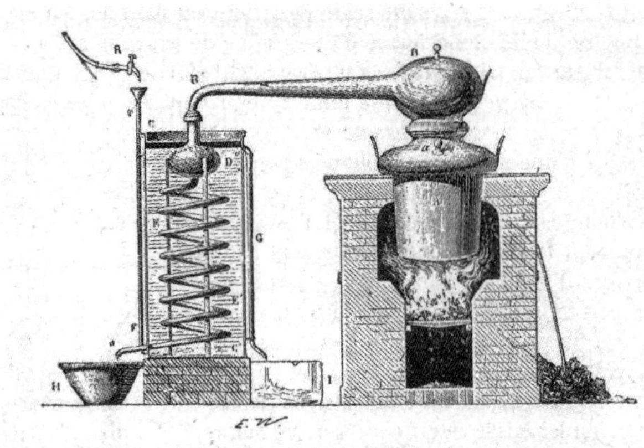
Fig. 81. — Préparation de l'eau distillée (alambic ordinaire).

Schéma de distillation classique

La distillation est la technique la plus ancienne, connue depuis l'Antiquité. Elle consiste à débarrasser l'eau de ses impuretés en la faisant passer par l'état de vapeur.

Comme l'indique son nom, la distillation à détentes étagées (procédé Flash) réalise la vaporisation par détentes successives. L'eau de mer, maintenue sous pression pendant toute la durée du chauffage, est portée à 120 °C avant d'être introduite dans une enceinte où règne une pression réduite. Il s'ensuit une vaporisation immédiate (d'où le nom de flash). Le phénomène est ensuite reproduit dans des étages successifs, jusqu'à une quarantaine de fois, de manière à augmenter le rendement.

La distillation à effets multiples, quant à elle, privilégie l'évaporation sous pression réduite sur une surface d'échange, ce qui permet de ne plus préchauffer l'eau de mer qu'à 70 ou 80 °C. La chaleur libérée lors de la condensation qui suit sert à chauffer l'eau introduite dans le compartiment suivant, et ainsi de proche en proche.

La qualité du liquide obtenu par distillation est irréprochable, mais l'énergie qu'il faut fournir pour vaporiser l'eau est importante. Le coût reste acceptable quand la station de distillation peut être adossée à une centrale électrique, ce qui est le cas de l'usine de dessalement à effets multiples du Bahrein, qui assure une production journalière de 273 000 m^3. À moins grande échelle, l'énergie solaire peut prendre le relais : une société monégasque a récemment installé sur la digue du port de Monaco 16 m^2 de panneaux solaires permettant de dessaler soixante litres d'eau de mer toutes les heures. La Chine, pour sa part, se propose de privilégier le recours à l'énergie nucléaire, procédé déjà mis en œuvre par le passé à Aktau au Kazakhstan, en 1973.

Deuxième technique en vigueur, concurrençant la distillation : l'osmose inverse, moins gourmande en énergie et qui présente l'avantage de la mobilité grâce au faible poids de ses installations. Elle consiste à appliquer à l'eau salée une pression suffisante (quelques dizaines de bars) pour faire passer les seules molécules d'eau à travers une membrane semi-perméable. La pression, en effet, doit être supérieure à la pression osmotique (29 bars à 20 °C) pour empêcher que l'écoulement de l'eau ne s'effectue de la solution la plus diluée vers la solution la plus concentrée, l'eau ayant tendance à diluer les sels plutôt qu'à les fuir. L'osmose inverse convient à des besoins en eau limités, lorsque les dispositifs de dessalement doivent être implantés sur des plate-formes de forage off-shore, des chantiers en bord de mer, ou des sous-marins. Ces petites unités fournissent au maximum quelques milliers de m^3 par jour alors que les grosses installations du Moyen et du Proche-Orient dépassent les 100 000 m^3. À Ashkelon, en Israël, au sud de Tel-Aviv, l'usine mise en place par la société Veolia possède une capacité journalière de 320 000 m^3 et représente l'une des plus grandes références mondiales dans le domaine du dessalement. Elle alimente plus d'un million de personnes pour un coût de production égal à la moitié du coût des importations d'eau utilisées pour l'irrigation de certaines régions de l'est de la Méditerranée. L'Angleterre, elle-même, vient de donner son feu vert pour dessaler les eaux saumâtres de l'estuaire de la Tamise, à Newham, et produire ainsi quotidiennement 150 000 m^3 d'eau potable destinés à 400 000 foyers du nord-est de Londres. Les deux procédés de dessalement, distillation et osmose inverse, peuvent également être associés. La société *Veolia* projette ainsi une usine hybride associée à une centrale électrique, à Qidfa dans l'émirat de Fudjayra, capable d'assurer une production totale de 590 000 m^3 par jour.

Osmose inverse à Ashkelon (Israël)

Dernière technique en lice : l'électrodialyse. L'installation comporte une alternance de membranes anioniques (perméables aux ions positifs) et cathodiques (perméables aux ions négatifs), disposées parallèlement et placées dans un champ électrique créé entre deux électrodes planes terminales. Ces membranes permsélectives guident le cheminement des ions chlorure négatifs et des ions sodium positifs de telle façon que les compartiments d'ordre pair se déminéralisent alors que ceux d'ordre impair se concentrent en sel. Cette technique convient aussi bien comme procédé de dessalement que comme méthode de concentration. Tel est le cas au Japon, pays dépourvu de sel gemme et de marais salants, qui tire de l'eau de mer le sel nécessaire à son industrie chimique et à sa consommation domestique. Des membranes échangeuses très performantes ont été mises au point, qui équipent les unités du Japon et de la Corée. En Europe occidentale, l'électrodialyse sert principalement à déminéraliser ou désacidifier les extraits liquides d'origine agroalimentaire. L'eau de haute qualité nécessaire aux industries de l'électronique et aux services hospitaliers (eau stérile, injectable), quant à elle, provient plutôt du traitement de l'eau ordinaire par osmose inverse.

Une question peut en cacher une autre

Quel est le prix de revient de l'eau dessalée ?

Le coût du dessalement a chuté, passant de 1,50 euro à 0,50 euro en dix ans. Le coût limite est actuellement évalué à six centimes d'euros le mètre cube.

Comment mesure-t-on l'épaisseur de la banquise ?

La technique la plus naturelle consiste à mesurer directement l'épaisseur de la couche de glace avec une sorte de règle. Connaissant la longueur du foret qui permet d'atteindre l'eau liquide, on en déduit la distance à laquelle elle se trouve. Mais la glace, très résistante, est parfois difficile à creuser. Or une étude précise doit comporter de nombreuses mesures, en des points différents.

Les glaciomètres à induction électromagnétique, comme ceux qui équipaient le voilier Tara lequel s'était laissé dériver pour mieux étudier la banquise de l'Arctique, fonctionnent à la manière des détecteurs de métaux.

Tout conducteur placé dans un champ magnétique variable est le siège de courants électriques induits. Alors que la glace est un très bon isolant, les charges électriques y étant immobiles, l'eau liquide, en revanche, est conductrice et ce d'autant plus qu'elle est salée. Un émetteur, situé au-dessus de la glace, envoie un signal électromagnétique basse fréquence qui génère des courants au sein du liquide lesquels, en retour, créent des ondes radio qui traversent la glace avant d'être captées par une antenne réceptrice. L'importance du signal est fonction de l'épaisseur de glace traversée. Si celle-ci est grande, le signal s'en trouve fortement atténué. Ce type d'appareil est facile à transporter, remorqué sur un traîneau, ou installé à bord d'un hélicoptère : il convient alors de lui adjoindre un télémètre laser qui mesure la distance au sol.

Un autre dispositif permet l'étude de l'évolution de la banquise à l'échelle locale : *l'Ice Mass Balance*, une sorte de sonar, constitué d'une perche traversant la glace de part en part et munie à chaque extrémité d'un ensemble émetteur-récepteur. Un premier signal accomplit un aller et retour au-dessus de la glace, dans l'air : connaissant la vitesse du son dans l'air, la mesure du temps de parcours donne la distance de la partie supérieure de la perche à celle de la banquise. Un second signal effectue un aller et retour au-dessous de la glace, dans l'eau : connaissant la vitesse du son dans l'eau, on en déduit la distance qui sépare le bas de la perche à la face inférieure de la banquise. Il suffit de soustraire les deux distances précédentes à la longueur de la perche pour obtenir l'épaisseur de la banquise.

À grande échelle, les mesures peuvent s'effectuer par satellite. L'échec du lancement de *Cryosat* en 2005 a privé la communauté scientifique de données précieuses.

Une question peut en cacher une autre

Comment détermine-t-on l'âge de la glace ?

Plus une glace est vieille, plus elle est épaisse, rugueuse et déformée, et moins elle est salée. Le comportement radiatif d'une glace froide et recouverte de neige se modifie en conséquence. Deux types d'appareils permettent de l'analyser : les radiomètres qui captent le rayonnement naturel de la surface et les radars, qui envoient un signal depuis un avion ou un satellite, signal que la glace rétrodiffuse d'autant mieux qu'elle est ancienne.

Comment mesure-t-on la vitesse d'un glacier ?

En 1840, le naturaliste géologue et paléontologue d'origine suisse Louis Agassiz (1807-1873) amorce une étude systématique du glacier d'Unteraar, en plantant en travers de la langue de glace des piquets alignés sur des repères pris sur les parois rocheuses. L'année suivante, tous les piquets s'étaient déplacés vers l'aval en s'inclinant dans le sens de la pente, ceux du milieu tout particulièrement, traduisant une plus grande vitesse de déplacement au centre et à la surface.

Actuellement, mesures in situ et observation directe restent de mise. Le suivi des glaciers s'effectue toujours directement, sur le terrain, par des méthodes manuelles, mais aussi par télédétection, grâce à des capteurs et radars embarqués sur des avions ou des satellites (Lansat, Spot…).

Dans le premier cas, des théodolites mesurent la position, d'une année sur l'autre, de balises plantées dans les glaces. Les pointages peuvent également s'effectuer par GPS.

La télédétection dans le domaine optique (c'est-à-dire des radiations visibles) consiste à corréler des images, c'est-à-dire à les comparer. La corrélation d'images prises avec des angles d'incidence forts donne accès au mouvement vertical de la glace. Le contraste, qui dépend de la rugosité du terrain, doit être suffisant. En été, ou lorsqu'il n'y a pas eu de chute de neige depuis longtemps, le contraste est moins bon.

L'imagerie radar à synthèse d'ouverture permet le suivi d'objets géologiques, dont l'écoulement de surface des glaciers, par interférométrie. Les ondes radio sont réfléchies par les inhomogénéités de la glace et les bords des matériaux ou interfaces roc-glace. Deux acquisitions sont effectuées à deux instants différents, pas trop éloignés car au bout de quelques jours la méthode ne fonctionne plus par défaut de cohérence. Le traitement des images permet de remonter à la topographie du terrain.

Peut-on lire le climat dans les glaces ?

Oui, grâce au thermomètre isotopique, le « must » de la paléoclimatologie. Le climat laisse des indices emprisonnés dans la glace que les scientifiques du projet EPICA, consortium européen de forage de glace en Antarctique (*European Project for Ice Coring in Antarctica*), lancé en 1995, ont pour mission d'interpréter.

Pour comprendre leur technique, rappelons-nous qu'à côté de l'hydrogène 1 et de l'oxygène 16, qui constituent la quasi-totalité des molécules d'eau, on rencontre aussi de l'hydrogène 2, ou deutérium, et de l'oxygène 18. Au cours des transferts entre atmosphère et océan qui jalonnent les glaciations, ces différents isotopes ne se comportent pas tout à fait de la même manière et la composition isotopique de l'eau fluctue.

Suivons un nuage qui s'est formé au-dessus de l'océan équatorial. Il est déjà moins riche en isotopes lourds que son milieu d'origine car l'évaporation des molécules légères est plus aisée. En migrant vers les pôles, la masse d'air se refroidit et se condense en donnant des précipitations. Les molécules les plus lourdes tombant plus facilement, le nuage s'allège de plus en plus en isotopes lourds, subissant une véritable distillation. La ségrégation isotopique se poursuit et, quand la masse d'eau atteint les pôles, les neiges qui tombent sont considérablement plus pauvres en oxygène 18 et en deutérium que l'océan dont elles proviennent[1].

Analyse d'une carotte de glace par spectrométrie de masse

Le fractionnement isotopique entre les deux grands réservoirs que constituent l'atmosphère et l'océan augmente lorsqu'il fait froid, pour deux raisons. Lorsque l'eau est chaude, l'agitation thermique est suffisante pour arracher à la phase liquide toutes les molécules, lourdes ou légères. Dans le cas d'une eau froide, moins de molécules lourdes parviennent à s'échapper et les nuages formés se trouvent

1. L'eau de mer est prise pour référence en ce qui concerne l'abondance en deutérium et en oxygène lourd. Les variations de composition isotopique s'expriment dans une unité spéciale, le delta δ, écart relatif par rapport à l'eau de mer, exprimé en « pour mille ». Si le delta est positif, l'échantillon est plus riche en isotope lourd que le standard, et inversement. Pendant une glaciation, si l'on connaît le δD ou le δO18 de la glace échantillonnée, on peut en déduire la température de l'air au moment où tombait la neige. Une règle empirique donne une variation de 0,7 pour mille par degré pour l'oxygène lourd et la relation $\delta D = 8\delta O18 + 10$.

encore plus appauvris en deutérium et oxygène 18. Par ailleurs, en période glaciaire, froide, les précipitations surviennent plus tôt et l'eau qui arrive aux pôles est d'autant plus allégée en deutérium et en oxygène 18 que la température est basse. En période chaude, au contraire, les précipitations surviennent plus tard et le déficit en isotopes lourds est moins net.

La relation entre abondance ou déficit en deutérium ou oxygène 18 de la glace polaire permet de reconstituer les températures du passé. Les neiges sont isotopiquement plus lourdes sous un climat plus chaud. Les mesures du rapport D/H sont réalisées à partir de spectromètres de masse sur des carottes de glace découpées en tranches d'une cinquantaine de centimètres de long. On privilégiait au départ les analyses isotopiques en éléments légers, du fait de leurs plus grandes différences relatives de masse. L'évolution des techniques permet à présent de travailler aussi bien sur l'oxygène que sur l'hydrogène. La corrélation entre les deux types de mesure est excellente.

Sortie d'une carotte de glace après forage

Le procédé est couramment utilisé pour reconstituer les fluctuations climatiques des 800 000 dernières années. Les mesures dans la glace sont croisées avec des mesures de même type réalisées sur les carottes sédimentaires, par analyse de l'oxygène de la calcite des coquilles de foraminifères prélevées dans les fonds marins. La courbe des températures de l'Antarctique, obtenue sur le site du Dôme Concordia (le fameux Dôme C), grâce à des prélèvements effectués à 3 190 mètres de profondeur, à 200 mètres du socle rocheux, présente une alternance globale des périodes glaciaires et chaudes tous les 100 000 ans.

À ces tendances générales se superposent des fluctuations plus fines. Le déchiffrage des archives glaciaires a confirmé, en première approximation du moins, l'existence des cycles dits de Milankovitch. Cet astronome yougoslave (1878-1958) est le père d'une théorie des changements climatiques, corrélant les rythmes glaciaires-interglaciaires de l'ère quaternaire à des paramètres astronomiques.

Échafaudée à partir de 1911, âprement contestée, elle ne s'imposera que dans les années 1970. Les variations de la distance du Soleil à la Terre occasionnées par les déformations de son orbite et les modifications de l'inclinaison de l'axe des pôles[1] affectent de manière périodique l'ensoleillement reçu par notre planète et donc les changements de saison. Si l'orbite de la Terre est quasi circulaire et son axe peu incliné, il en résulte un faible ensoleillement en été aux hautes latitudes et les glaciers vont persister, réfléchissant le rayonnement solaire. Le faible contraste saisonnier crée une configuration favorable à l'apparition d'une période glaciaire. Si, au contraire, l'orbite de la Terre est fortement elliptique et que l'axe des pôles est fortement incliné, le contraste saisonnier est plus grand, facteur propice à l'apparition d'une période interglaciaire. Depuis 12 000 ans, fin de la dernière grande glaciation, nous vivons dans une période particulièrement clémente, qui a permis aux sociétés primitives de chasseurs-cueilleurs de se sédentariser et de développer l'agriculture, expliquant le passage du paléolithique au néolithique. Mais, selon les théories de Milankovitch, le retour des glaces est prévu d'ici quelques dizaines de milliers d'années.

L'analyse des bulles d'air fossilisées dans la glace livre, quant à elle, de précieuses indications sur la teneur de l'atmosphère en gaz à effet de serre, méthane et gaz carbonique principalement. On voit que lorsqu'il y a eu augmentation de température, il y a eu augmentation de dioxyde de carbone. Les teneurs des gaz à effet de serre se raccordent aux mesures directes dans l'air.

Une question peut en cacher une autre

Et dans les glaciers de montagne ?

Eux aussi ont enregistré les événements climatiques, mais sur des durées beaucoup plus faibles. Les carottes des grands glaciers de montagne ne permettent guère que des enregistrements sur quelques milliers d'années, dans le meilleur des cas.

1. Milankovitch distingue trois paramètres principaux, responsables de cycles courts ou longs : les variations de l'excentricité de l'ellipse décrite par la Terre (100 000 ans et 413 000 ans), la précession climatique, combinaison du phénomène de précession des équinoxes et de déplacement du périhélie (périodes de l'ordre de 19 000 et 26 000 ans, 22 000 ans en moyenne), les variations de l'inclinaison de l'axe des pôles de 22 à 25 degrés (23°26 min actuellement) appelées nutation (41 000 ans). Bien entendu, les différents paramètres sont susceptibles d'interférer.

Pourquoi un ski glisse-t-il ?

L'origine des skis remonte à la nuit des temps. Les premières gravures rupestres représentant des « skis » datent de la fin du néolithique et l'on a découvert en Suède des spécimens de « planches » vieux de plus de cinq mille ans. En France, c'est un membre du club alpin, Henri Duhamel, qui fit connaître ce nouveau mode de locomotion dont il avait eu la révélation lors de l'Exposition Universelle de 1878, en visitant le pavillon des pays nordiques.

Les premiers skis introduits dans les Alpes, de fabrication scandinave, comportaient des rainures qui permettaient de mieux glisser en ligne droite. Démesurément longs par ailleurs, ils s'avérèrent très vite inadaptés aux pentes de nos montagnes qui obligeaient à des virages fréquents. Les rainures furent donc supprimées.

Vers la même époque, un professeur anglais, spécialiste des problèmes de lubrification, Osborne Reynolds, entreprenait des recherches scientifiques sur la glisse. Il montra que la pression exercée par les skis, jointe au dégagement de chaleur engendré par les frottements, faisait fondre la neige. L'eau qui se retrouvait à l'état liquide agissait alors comme un lubrifiant. Reynolds mit sur pied de nombreuses expériences destinées à déterminer les conditions d'une bonne glisse en fonction de la température de la neige et montra entre autres que les skis métalliques étaient moins performants à basse température. De nos jours, les recherches s'orientent vers des matériaux composites, légers et robustes, tout en étant capables d'assurer une glisse optimale.

Farter un ski revient à recouvrir la semelle du ski d'une substance hydrophobe, un corps gras, pour empêcher l'eau d'adhérer au ski et améliorer la glisse sur la neige, ou plutôt l'eau liquide. De fait, le problème n'est pas si simple car il existe différentes structures de neige. À – 15 °C, par exemple, la neige ne fond pas suffisamment sous le ski. La pellicule d'eau est très fine et les cristaux de glace pénètrent dans la semelle : le frottement sec est élevé. À des températures de 0 °C, au contraire, la neige est humide et molle. Le film d'eau est épais et produit un effet de ventouse. En effet, l'eau est retenue par capillarité par les grains de glace à la surface de la neige tout en ayant tendance à adhérer au revêtement des skis. C'est la raison pour laquelle on perd de la vitesse en passant sur une neige fortement imbibée d'eau. Un fart adapté rend alors la semelle plus molle et la plus anti-adhérente possible à l'eau.

Certains fabricants produisent des skis volontairement rugueux de manière augmenter les frottements et produire un film épais. Le recours à des matériaux sombres qui s'échauffent par absorption des radiations solaires tombant directement sur les skis ou diffusés par la neige produit le même effet.

Comment fonctionne un canon à neige ?

Pour fabriquer de la neige de culture, deux ingrédients sont nécessaires : de l'eau et de l'air sous pression. Un canon à neige fonctionne comme un brumisateur qui pulvérise l'eau sous forme de gouttelettes de quelques dixièmes de millimètres de diamètre, qui se solidifient avant d'atteindre le sol. Théoriquement, s'il fait froid, la baisse de température consécutive à la détente du mélange air-eau doit suffire à déclencher la cristallisation. Les bouches des canons sont orientées vers le haut de manière à allonger le temps de parcours jusqu'au sol. Dans la pratique, l'eau reste souvent en surfusion et les cristaux ne se forment pas instantanément. Dans certains cas, des bactéries de la lignée des *Pseudomonas Syringae* sont ajoutées à l'eau pour aider à la nucléation. Les structures de ces bactéries servent de patron pour la cristallisation. L'enroulement des chaînes peptidiques d'une des protéines présente dans leur membrane externe reproduit une structure analogue à celle que l'on rencontre dans la glace.

Canon monofluide basse pression

Le canon à neige est apparu aux États-Unis dans les années soixante et le premier brevet français, celui d'un nommé Marius, a été déposé peu de temps après. Les appareils les plus fréquents dans nos stations sont de deux types. Les canons les plus anciens, dits monofluides ou basse pression (généralement inférieure à vingt bars) fonctionnent à partir du réseau électrique des agglomérations et conviennent à des sols presque horizontaux. L'eau, éjectée par des buses latérales, est dispersée par un ventilateur central. Les canons bifluides ou haute pression (une centaine de bars) revêtent l'allure de perches de dix à quinze mètres de haut, dans lesquelles l'eau et l'air sont acheminés sous pression (mélange interne ou externe). Plus maniable, ce type d'appareil peut être installé sur des pentes fortes.

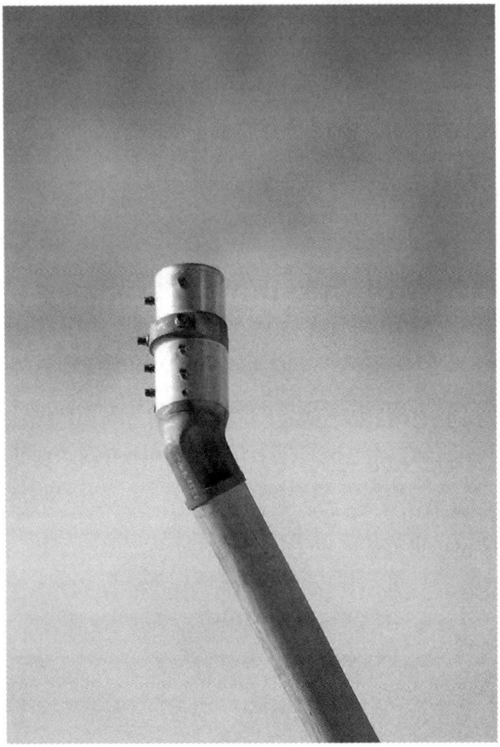

Tête d'un canon bifluide haute pression

Les performances des canons à neige sont tributaires de la température, mais aussi de l'hygrométrie. Celle-ci ne doit pas être trop forte, sinon les gouttelettes n'arrivent pas à cristalliser et gèlent au sol, transformant la piste en patinoire. Un canon à neige classique fonctionnera à – 2 °C avec un taux d'humidité frôlant les 100 %, à 1 à 2 °C avec 30 à 40 % d'humidité et jusqu'à 8 °C en atmosphère très sèche (5 % d'humidité relative), cas extrêmement rare.

La production de neige de culture s'avère très gourmande en électricité, à cause des compresseurs, et consomme aussi beaucoup d'eau. Pour ne pas saturer les réseaux de distribution, les communes prévoient de plus en plus des réserves d'eau collinaires, sous forme de lacs en amont des installations.

Une question peut en cacher une autre

La neige de culture est-elle identique à la neige naturelle ?

Les professionnels de la neige refusent l'appellation de neige artificielle. La différence intervient au niveau des cristaux. Les cristaux qui tombent du ciel ont connu une longue maturation et leurs formes, dérivées d'hexagones, sont élaborées. Les canons à neige donnent des cristaux ronds ou en aiguille, d'un modèle très primitif, en accord avec leur formation rapide.

Plus compacte, la neige artificielle, dont la densité est comprise entre 0,4 et 0,5 contre 0,1 voire 0,003 (à peine deux fois plus que l'air) pour un jeune manteau neigeux par temps très froid et air calme, est plus facile à damer. La neige de culture a la réputation de mieux glisser. En revanche, à la fonte, elle évolue immanquablement vers la plaque de glace.

Peut-on récupérer l'hydrogène et l'oxygène de l'eau ?

L'accroissement de l'effet de serre et des problèmes de pollution liés aux combustibles fossiles, dont les réserves s'amenuisent de plus en plus, ont conduit à s'intéresser à l'hydrogène, qui pourrait bien s'avérer le carburant du futur. Mais, contrairement aux sources primaires d'énergie, il doit être fabriqué avant d'être stocké et utilisé.

L'extraction de l'hydrogène à partir de l'eau consomme de l'énergie. Les plantes réalisent cette opération grâce à la chlorophylle et à l'énergie solaire. Au XIXe siècle, le chimiste Henri Sainte-Claire Deville avait montré que la vapeur d'eau subissait une décomposition partielle par chauffage, à des températures supérieures à 1 000 °C. Mais le degré de dissociation thermique reste de moins de 2 % à 2 000 °C et atteint 14 % à peine vers 3 000 °C. De telles températures sont proprement irréalistes sur le plan technico-économique si bien que les chercheurs se sont tournés vers l'électrolyse, à basse ou haute température. Dans ce dernier cas, une partie de l'énergie nécessaire est apportée sous forme de chaleur, ce qui accroît l'efficacité de la réaction, mais multiplie son coût par deux.

Lors de l'électrolyse, le courant électrique décompose l'eau en hydrogène et oxygène. La première préparation d'hydrogène fut, semble-t-il, bricolée en 1789 par le marchand hollandais Paets Van Troostwyk, à partir d'une solution de soude ou de potasse à 25 % car l'eau ne conduit que très peu le courant électrique si on ne la dope pas. L'expérience a été a reconduite en 1800, de manière plus rigoureuse, par les chimistes britanniques William Nicholson et sir Anthony Carlisle grâce à la pile électrochimique que venait d'inventer Volta. Actuellement, ce sont plusieurs centaines de cellules électrolytiques que l'on associe en série, avec des parois semi-perméables empêchant l'oxygène et l'hydrogène de se combiner en un mélange explosif[1]. Les électrodes elles-mêmes sont des disques ou volumes de platine en nids d'abeilles, de manière à réaliser une plus grande surface réactionnelle.

L'électrolyse produit actuellement moins de 5 % de l'hydrogène. Le procédé industriel de fabrication le plus répandu consiste à faire réagir de l'eau vers 700 °C sur des hydrocarbures, dont le gaz naturel, dans des unités dédiées, ou à le coproduire dans les fabrications d'autres produits chimiques tels l'éthylène ou le chlore (l'oxygène, quant à lui, est surtout produit par distillation de l'air). Le reformage d'hydrocarbures, moins coûteux que l'électrolyse, produit en revanche du dioxyde de carbone.

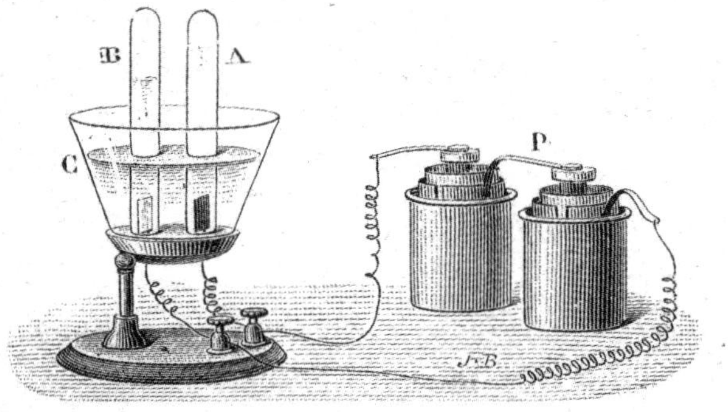

Une électrolyse traditionnelle

La production d'hydrogène à l'aide de l'énergie nucléaire pourrait s'avérer une solution de rechange à terme. L'énergie nécessaire à l'électrolyse de l'eau pourrait être fournie par des réacteurs nucléaires dédiés, type CANDU au Canada. Le développement du volet production d'hydrogène pourrait alors s'orienter vers les créneaux suivants : électrolyse de l'eau par utilisation des capacités excédentaires pendant les heures creuses, utilisation de la chaleur des réacteurs et de l'électricité produite pour une électrolyse à haute température, production thermochimique d'hydrogène à haute température grâce à la chaleur, utilisation de la chaleur des réacteurs pour le reformage à la vapeur du gaz naturel.

Autre solution : la dissociation de l'eau par un cycle thermochimique à haute température, à base de soufre ou chlorure de cuivre, processus mettant en œuvre une suite de réactions utilisant la chaleur fournie par la centrale, comme au Japon ou aux USA.

1. La combustion de l'hydrogène dans l'oxygène est explosive, comme en témoignent la perte de nombreux dirigeables, dont le *Hindenburg*.

Une question peut en cacher une autre

Pourquoi un tel attrait pour l'hydrogène ?

Ce carburant léger, dont le pouvoir calorifique est 2,6 fois supérieur à celui de l'essence, ne manque pas d'atouts. Dans les piles à combustible, il se combine à l'oxygène en libérant de l'énergie et de l'eau, sans sous-produits polluants comme le gaz carbonique. Il a ainsi ouvert la conquête de l'espace. Utilisé avec l'oxygène dans les lanceurs lourds, il procure les vitesses élevées nécessaires aux vols interplanétaires. L'hydrogène a permis d'envoyer des hommes autour de la Lune et sur la Lune, et des sondes automatiques vers presque toutes les planètes du système solaire. Le dernier étage d'Ariane utilise de l'hydrogène cryogénique, c'est-à-dire sous forme liquide, à basse température, à – 253 °C.

Peut-on fabriquer de l'eau ?

« L'eau n'est pas une substance simple… Elle est susceptible de décomposition et recomposition », affirmait Lavoisier le 1er novembre 1783 devant l'Académie royale des sciences.

En 1785, dans une expérience restée célèbre, Lavoisier présenta la synthèse de l'eau. L'hydrogène gazeux, surnommé air inflammable, avait été identifié par l'Anglais Henry Cavendish en 1766 et l'oxygène, appelé air vital ou déphlogistiqué, avait été découvert en 1772 par le Suédois Carl Scheele et identifié en 1774 par le chimiste anglais Joseph Priestley.

Le jour J, l'hydrogène avait été produit en faisant couler goutte à goutte de l'eau dans un canon de fusil chauffé au rouge. L'eau en se vaporisant attaquait le fer en produisant de l'hydrogène que l'on recueillit soigneusement. Cette technique avait été préférée à celle qui consistait à produire de l'hydrogène par action de l'acide sulfurique sur le fer ou le zinc, très onéreuse, à cause du prix de l'acide. Il faut souligner que l'apparition des premiers aérostats et les enjeux stratégiques à la clé créaient une véritable demande en matière d'hydrogène. Le premier ballon à hydrogène venait d'être lancé le 27 août 1783 par Jacques Charles et les frères Robert au-dessus du Champ-de-Mars. Ce succès détermina le gouvernement de l'époque à parrainer des recherches destinées à produire l'hydrogène en abondance. Lavoisier fit partie des commissions et, avec le concours de l'ingénieur Jean-Baptiste Meusnier, montra que l'action de vapeur d'eau très chaude sur le fer générait une grande quantité d'hydrogène.

Lavoisier entreprit de faire réagir ce gaz sur de l'oxygène produit par réduction d'oxyde de mercure. Le montage destiné à la synthèse de l'eau, amélioré par les soins de Meusnier, comprenait deux gazomètres (un pour l'hydrogène, un pour l'oxygène) constitués chacun de deux caisses métalliques dont l'une s'enfonçait plus ou moins dans l'autre, et d'un système de poids et de contrepoids pour contrôler le débit. Les deux gaz furent dirigés vers un ballon de verre posé sur un trépied de fer. Les étincelles destinées à enflammer le mélange étaient produites par une gigantesque machine électrostatique. L'eau dégagée sous forme de vapeur se condensa et se mit à ruisseler sur les parois du récipient avant d'être recueillie.

L'expérience reste d'un grand intérêt historique car établissant irréfutablement la nature de l'eau. En revanche elle n'en donnait pas la composition exacte. La mesure des volumes n'avait pas encore la précision acquise depuis. Le rapport des volumes obtenus était approximatif et la composition en masse était encore plus incertaine, car se déduisant du volume et de la densité. Or on ne savait pas dessécher les gaz à l'époque. La densité de l'oxygène humide est inférieure à celle de l'oxygène sec et l'inverse pour l'hydrogène, d'où une double cause d'erreur. Les mesures conduisirent à un rapport massique d'oxygène et d'hydrogène de 6, contre 8 en réalité. Berzelius en 1820, puis Dumas et Lelong en 1834, améliorèrent le résultat en exploitant la réduction de l'oxyde de cuivre par l'hydrogène. Une quantité précise d'oxyde de cuivre soigneusement desséchée était chauffée dans un courant d'hydrogène. L'eau formée était recueillie et pesée. La perte de masse de l'oxyde donnait la masse de l'oxygène, que l'on soustrayait à la masse d'eau recueillie pour obtenir celle de l'hydrogène.

Quel est l'avenir des piles à combustible ?

Dans les piles à combustible, l'oxygène de l'air et l'hydrogène (le combustible qui nous intéresse ici) réagissent en échangeant des électrons par l'intermédiaire du circuit sur lequel elles sont branchées et qui se trouve traversé par un courant. Mais contrairement aux réactifs d'une pile ordinaire, l'oxygène et l'hydrogène ne sont pas stockés au sein de la cellule électrochimique elle-même. Ils sont introduits au fur et à mesure des besoins, en même temps que l'eau qu'ils forment est éliminée.

En dépit de rendements supérieurs à ceux des piles classiques (jusqu'à 60 %), d'une forte densité d'énergie et de l'absence d'émission de dioxyde de carbone, les piles à combustible peinent à s'imposer. Leur invention, revendiquée par sir Richard Grove, remonte à 1839 mais les modèles réellement opérationnels ne voient le jour qu'au cours des années 1960, époque à laquelle la NASA en équipe les capsules *Gemini* et *Apollo*. La relève du moteur thermique, à essence ou diesel, par le moteur électrochimique intéresse les constructeurs automobiles, mais il reste un certain nombre de verrous technologiques à faire sauter pour généraliser l'emploi de l'hydrogène. Outre la mise au point d'électrodes et de catalyseurs appropriés, les difficultés résident au niveau de la distribution et du stockage embarqué de ce produit hautement inflammable. Sous forme liquide (hydrogène cryogénique, à – 253 °C), il y a contraction et fragilisation des matériaux. Sous forme gazeuse, la faible densité de l'hydrogène impose des réservoirs volumineux ou alors des pressions phénoménales, de plusieurs centaines de bars. De plus, la petite taille de la molécule d'hydrogène exige un savoir-faire spécifique pour obtenir des étanchéités satisfaisantes. Pour éviter les problèmes de stockage, les chercheurs explorent d'autres voies, comme la production d'hydrogène sur place par hydrolyse du borohydrure de sodium ou par reformage du méthanol. Lequel méthanol peut aussi servir directement de combustible. Y compris, à terme, pour des mini-piles destinées à alimenter téléphones mobiles et ordinateurs !

Le moteur à eau existe-t-il ?

Non, en tout cas pas au sens où on pourrait le concevoir a priori. L'eau n'est pas un carburant et ne saurait remplacer l'essence dans le réservoir de quelque véhicule que ce soit.

Ceci dit, l'appellation de moteur à eau est devenue un terme générique qui désigne tout dispositif qui produit de l'énergie mécanique et dans lequel l'eau intervient à un stade ou à un autre, ce qui va du véritable moteur au gadget physico-chimique de type oiseau-buveur.

Le moteur Pantone d'abord, du nom de son inventeur, un ingénieur français qui réussit l'exploit de faire fonctionner de petits véhicules (tondeuses à gazon…) grâce à un mélange de 25 % d'hydrocarbures divers (essence, fuel, pétrole brut, huiles de vidange usagées…) et de 75 % d'eau. L'hydrogène étant un excellent combustible, l'astuce de Pantone consistait à récupérer l'hydrogène de l'eau de manière à améliorer les performances du mélange initial. Les vapeurs dégagées en portant l'ensemble à ébullition étaient acheminées vers un réacteur à plasma qui reproduisait le principe de l'orage. Grâce à des décharges électriques, on parvenait à casser les molécules lourdes et à créer l'hydrogène nécessaire à l'enrichissement du mélange de base.

Autres moteurs dits à eau, les prototypes qui équipent les voitures électriques. L'électricité qui alimente le moteur proprement dit provient d'une pile à combustible qui rejette de l'eau suite à la réaction entre l'hydrogène et l'oxygène de l'air. Et dans certains cas, l'hydrogène lui-même est produit par électrolyse de l'eau. On peut donc considérer l'eau comme partie intégrante du dispositif.

Un oiseau qui carbure à l'eau

Le cas de l'oiseau buveur, un incontournable du jouet scientifique, mérite que l'on s'y attarde. Il s'agit d'un oiseau de verre, mobile autour d'un axe horizontal et renfermant un liquide volatil en équilibre avec sa vapeur, du dichlorométhane par exemple. Placé devant un verre d'eau, l'oiseau y plonge son bec puis se relève, replonge, se relève à nouveau et ainsi de suite… Le fonctionnement est celui d'un moteur thermique. En effet, si l'on humecte la tête de l'oiseau, préalablement recouverte de feutrine, l'eau s'évapore, ce qui absorbe de la chaleur et provoque la condensation des vapeurs de dichlorométhane. Le centre de gravité du dispositif passe sous l'axe de rotation et l'oiseau se relève. Mais, dans le même temps, la pression de la vapeur a diminué suite à la condensation. Il s'ensuit un appel de liquide dans le tube et le centre de gravité repasse au-dessus de l'axe de rotation. L'oiseau basculant, le liquide retombe dans le réservoir, sa tête s'humidifie à nouveau et le cycle recommence, jusqu'à ce qu'il n'y ait plus d'eau. Ici encore, l'énergie nécessaire au mouvement de l'oiseau a bel et bien été empruntée à l'eau.

Comment l'eau produit-elle de l'électricité ?

L'eau retenue par les barrages stocke de l'énergie sous forme d'énergie potentielle. Celle-ci n'est récupérable qu'une fois transformée en énergie cinétique, c'est-à-dire lorsque l'eau commence à s'écouler et gagne de la vitesse. Envoyée sur les aubes d'une turbine, elle entraîne un alternateur qui produit de l'électricité : un système d'électroaimants (le rotor, lié à la turbine) tourne devant un ensemble de bobines de cuivre (le stator), y induisant une tension électrique alternative. La vitesse de rotation de la partie mobile et le nombre de pôles des aimants sont adaptés de manière à obtenir une fréquence de 50 hertz, conformément aux normes européennes.

L'usine hydroélectrique de Fessenheim (Haut-Rhin)

Au centre, « Le Dieu du Rhin », œuvre du sculpteur Raymond Couvègnes, Prix de Rome, à qui EDF confia la décoration de ses centrales entre 1956 et 1973.

Les centrales hydroélectriques s'établissent généralement à proximité des barrages. Lorsqu'elles sont plus éloignées, l'eau est conduite vers l'usine par un canal de dérivation, une galerie creusée dans la montagne ou une conduite forcée. La puissance de l'eau qui fait tourner la turbine augmente avec la hauteur de chute et le débit. Les sites de montagne se caractérisent par des dénivelés importants (1 420 mètres au Portillon, dans les Pyrénées) mais des débits faibles. Les sites proches des grands fleuves affichent des dénivelés faibles (une quinzaine de mètres sur le Rhin) mais des débits conséquents.

L'énergie hydraulique fait partie des énergies renouvelables, l'eau étant récupérée à l'issue de son parcours dans l'installation. En France, sa contribution se monte à 8 %, mais au niveau mondial, elle fait jeu égal avec le nucléaire, qui constitue environ 15 % de la production. Elle fournit la quasi-totalité de l'électricité en Norvège, la moitié environ dans les pays en voie de développement et le quart en Chine.

L'énergie hydroélectrique est-elle le parent pauvre de l'énergie nucléaire ?

En matière d'électricité, l'offre doit correspondre à la demande. Le nucléaire assure en continu l'essentiel de la production, mais les autres sources d'énergie sont sollicitées ponctuellement pour faire face aux pics de consommation.

Si l'on ne peut stocker l'électricité à grande échelle, on peut retenir l'eau et la mobiliser le moment venu. Les usines hydroélectriques parviennent à ajuster en permanence la production aux variations de la demande en courant, par suite de grand froid, heures de pointe, incidents sur le réseau ou sur une autre centrale. Elles viennent ainsi en appoint des parcs nucléaire et thermique à flamme.

Sitôt libérée, l'eau met en action les turbines : une centrale hydroélectrique atteint sa puissance maximale en quelques minutes, contre une douzaine d'heures pour une centrale thermique classique et une quarantaine pour un réacteur nucléaire. En deux minutes, l'usine de Grand'Maison dans l'Isère peut fournir 1 800 mégawatts, soit l'équivalent de deux réacteurs nucléaires. Cette station de transfert d'énergie par pompage fonctionne avec deux bassins réservoirs à des altitudes différentes. Aux heures de très forte consommation, l'eau est turbinée et recueillie dans le bassin inférieur. Quand la demande faiblit, elles est pompée et remontée dans le bassin supérieur. Les cent principales centrales hydroélectriques (sur 450 sites) sont pilotées par quatre centres de conduite hydraulique situés à Lyon, Toulouse, Sainte-Tulle et Kembs.

Peut-on faire fondre de la glace au micro-ondes ?

Les fours micro-ondes agissent sur les molécules d'eau à l'état liquide. Ils permettent de chauffer de l'eau pour le thé ou conviennent à la cuisson de viandes ou de légumes, aliments contenant de l'eau à 90 %.

La naissance du four micro-ondes est l'effet du hasard. Percy Spencer, un ingénieur qui travaillait sur les magnétrons des radars de la société *Raytheon*, avait constaté que le chocolat qu'il conservait dans ses poches avait fondu. Et comme les aliments chauffaient à proximité des radars, les ingénieurs en profitaient pour réchauffer leur repas.

Les micro-ondes sont des ondes électromagnétiques de fréquences intermédiaires entre celles des infrarouges et des ondes radio. Dans le four micro-ondes, un élément appelé magnétron produit un champ électromagnétique alternatif de fréquence 2,45 gigahertz (2,15 milliards de hertz). Ce champ électrique, réfléchi par les parois et la grille métallique placée au niveau de la porte, est confiné dans l'enceinte du four (sur les 800 watts du four, quelques dizaines de milliwatts seulement passent à l'extérieur, de quoi faire sonner un téléphone portable, les liaisons Wi-fi et Bluetooth travaillant aux mêmes fréquences). Il est ainsi à même d'agir sur les molécules d'eau en les faisant pivoter dans un sens puis dans l'autre 2,45 milliards de fois par seconde (les autres molécules, plus volumineuses, ne pivotent pas) ! L'énergie cinétique acquise lors de ces mouvements est communiquée aux molécules voisines dont l'agitation thermique, reflet de la température, va augmenter. À condition toutefois que leur déplacement ne soit pas entravé par les liaisons hydrogène omniprésentes dans la glace, qui rigidifient et figent sa structure. Difficile donc de faire fondre de la glace dans ces conditions. C'est la raison pour laquelle les fours à micro-ondes possèdent une fonction spéciale pour décongeler les aliments. Le magnétron, réglé sous faible puissance, fonctionne de manière intermittente et chauffe les gouttelettes d'eau déjà formée. La chaleur diffuse et se propage ensuite par conduction, c'est-à-dire par vibrations des atomes présents, de proche en proche.

Il faut se garder de faire cuire les aliments en mode normal sans les décongeler. Si on ne laisse pas à la conductivité le temps d'évacuer la chaleur, on risque fort d'assister à des échauffements locaux. Par un phénomène physique nommé effet de pointe, le champ électrique s'intensifie au voisinage des structures pointues. Les pointes des carottes, par exemple, se dessèchent et se carbonisent tout en présentant des extrémités de très fort potentiel, génératrices d'étincelles.

Une question peut en cacher une autre

Pourquoi certains aliments explosent-ils ?

Le premier aliment chauffé volontairement au four à micro-ondes était du pop-corn et le second, un œuf, qui a explosé. Les légumes à peau ou à enveloppe, comme les pommes de terre, éclatent car le dégagement de chaleur génère de l'eau sous forme de vapeur.

Une bouteille d'eau retirée du micro-ondes immédiatement après arrêt du chauffage peut également exploser et l'introduction d'une infusette dans une tasse d'eau chauffée de la même manière peut provoquer une violente ébullition de l'eau. Lorsqu'elle est très pure, en effet, l'eau chauffée se trouve parfois dans un état métastable : sa température dépasse 100 °C sans que la vapeur n'apparaisse. Ce retard au changement d'état cesse dès que l'on introduit un germe de bulles ou une agitation quelconque. Le phénomène ne se produit pas avec une bouilloire, dont la surface rugueuse permet la formation de bulles. Pour éviter les déboires, un conseil : attendre un peu avant de retirer l'eau du four, de manière à laisser la température baisser.

En quoi consiste la lyophilisation ?

Cette technique de déshydratation à basse température, ou séchage à froid, permet de conserver les aliments durant plusieurs années tout en préservant leurs propriétés intrinsèques.

La lyophilisation débute par un abaissement de température du produit à traiter de manière à métamorphoser en glace toute l'eau qu'il contient. Elle se poursuit par un abaissement de pression qui fait passer directement l'eau de l'état solide à l'état de gaz, ce qui permet de l'évacuer sans « mouiller » les aliments. Ce changement d'état où le passage à l'état liquide est court-circuité porte le nom de sublimation.

Les Indiens des Andes auraient figuré parmi les premiers à pratiquer une lyophilisation de surface. Ils conservaient leurs pommes de terre en les immergeant dans l'eau glacée puis en les exposant au soleil. À une altitude élevée, là où l'air est sec et froid, la pression de la vapeur d'eau est réduite et le séchage s'en trouve facilité.

La lyophilisation fait son entrée officielle dans l'industrie alimentaire en 1955, avec le traitement des crevettes du Texas et des crabes du Maryland. Les produits biologiques (protéines, vaccins, microorganismes) suivront dans la foulée, le temps de peaufiner la technique.

Les substances lyophilisées perdent de leur volume et se conservent généralement hors réfrigérateur, ce qui diminue le coût du transport et de l'entreposage. Elles se réhydratent facilement grâce à leur texture poreuse.

Les geysers de glace couronnant le pôle Sud d'Encelade

Cette petite lune de Saturne éjecte des particules de glace, comme un volcan terrestre rejetterait de la lave.

Chapitre IX

L'EAU ET LE COSMOS

À l'échelle cosmique, l'eau liquide est plus rare que l'or.

Hubert Reeves

Les comètes ont-elles apporté l'eau sur Terre ?

Cette hypothèse, très en vogue il y a une dizaine d'années, est de plus en plus controversée. De fait, plusieurs scénarios ont été envisagés pour expliquer la présence des océans et des mers, qui recouvrent 70 % de notre planète.

Le premier, le plus ancien, est celui du dégazage de la Terre après sa formation. La Terre, en effet, est née de l'agglomération de matière solide présente dans la nébuleuse de gaz et de poussières qui entourait jadis le Soleil et renfermait de l'eau issue d'hydrogène et d'oxygène interstellaires. Notre planète aurait emprisonné de l'eau que l'activité volcanique aurait libérée par la suite et qui se serait condensée en formant les océans.

Le second scénario est celui de l'apport d'eau par les comètes. Les comètes s'apparentent à des « boules de neige sales », constituées d'un cœur de glace enrobé de matières diverses. Venues du fin fond du système solaire, certaines d'entre elles auraient pu heurter la Terre et y apporter de l'eau.

Fragment de la météorite d'Orgueil

Les chondrites carbonées renferment de l'eau.

Le troisième scénario fait intervenir les météorites. Parmi elles, les chondrites carbonées, qui contiennent jusqu'à 20 % d'eau.

Des mesures effectuées au Groenland et en Alaska montrent que la Terre reçoit chaque année des milliers de tonnes de matière météoritique. Il y a quatre milliards d'années, leur flux était encore plus intense, suffisant pour avoir pu approvisionner notre planète en eau. Cette hypothèse a actuellement la faveur des chercheurs, qui s'appuient sur l'analyse isotopique. Parmi les atomes d'hydrogène qui constituent l'eau, certains sont deux fois plus lourds que leurs congénères, d'où leur nom de deutérium. Or il se trouve que le rapport D/H (deutérium/hydrogène ordinaire) de l'eau des océans est précisément le même que celui des météorites. En revanche, il est six fois plus faible dans les gaz interstellaires, qui ont conduit à la nébuleuse primitive, et deux fois plus fort dans les comètes. Il est donc exclu que l'eau des océans provienne exclusivement des comètes.

Une question peut en cacher une autre

Quelle est la quantité d'eau dans les océans ?

Près de 1,4 milliard de km^3, ce qui correspondrait à une couche de 2,5 km d'épaisseur si cette eau était répartie uniformément à la surface du globe. De fait, les océans couvrent 360 millions de km^2, soit près de 72 % de la surface du globe.

Comment détecte-t-on l'eau dans le Cosmos ?

Un appareil appelé spectromètre est chargé de cette besogne. Il exploite la faculté que possèdent tous les corps d'absorber ou d'émettre un rayonnement électromagnétique dépendant de leur nature et de leur état physique : solide, liquide, ou gaz. Selon les substances, ce rayonnement est visible à l'œil nu ou appartient au domaine des ultraviolets, des infrarouges ou des ondes radio.

Le spectromètre collecte la lumière et, opérant à la manière d'un prisme, sépare les différentes radiations en les répartissant dans une bande appelée spectre. La détermination des longueurs d'onde émergentes (ou manquantes) renseigne sur la présence de tel ou tel composant.

Si la glace est facile à détecter, il n'en est pas de même pour la vapeur d'eau qui a sa signature dans le domaine infrarouge. Or l'atmosphère terrestre absorbe et réfléchit la majeure partie du rayonnement infrarouge en provenance du cosmos. Seule solution : opérer en altitude en installant les spectromètres à bord de satellites ou de sondes spatiales. Ce procédé a déjà permis la mise en évidence de vapeur d'eau dans les nébuleuses interstellaires.

Les exoplanètes, c'est-à-dire les planètes extérieures au système solaire, font l'objet d'une attention toute particulière car, dans l'état actuel des connaissances, la recherche de la vie passe par celle de l'eau. L'eau et le dioxyde de carbone constituent les matières premières de la photosynthèse, qui produit aussi de l'oxygène. Une activité de photosynthèse se trahirait par la présence simultanée d'eau, de dioxyde de carbone et d'oxygène (ou de son dérivé l'ozone) dans l'atmosphère de l'exoplanète. On comprend dès lors pourquoi les spectromètres explorent frénétiquement la bande infrarouge, qui renferme les signatures de ces trois substances.

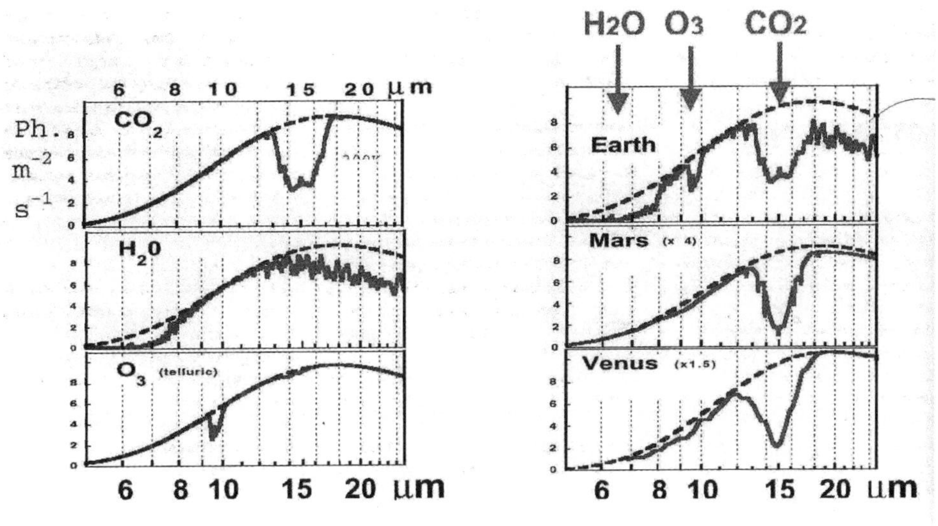

Des spectres qui en disent long

Les bandes d'absorption de l'eau, de l'ozone et du dioxyde de carbone se signalent par une forte baisse de l'intensité lumineuse aux longueurs d'onde caractéristiques.

En juillet 2007, les instruments du télescope spatial *Spitzer* détectent pour la première fois de la vapeur d'eau autour d'une exoplanète : HD 189733b, située à 63 années-lumière de la Terre, dans la constellation du Petit Renard. L'étude spectrale de l'atmosphère des exoplanètes figure également au menu des objectifs prioritaires de la future mission *Darwin*, un projet ambitieux de l'Agence Spatiale Européenne, lequel devrait se concrétiser d'ici une dizaine d'années.

Une question peut en cacher une autre

Quelle est la quantité d'eau dans le Cosmos ?

L'eau constituerait le millionième de la masse de l'Univers visible (contre 95 % pour l'hydrogène et 1 % pour l'oxygène).

Y a-t-il de l'eau sur Mars ?

L'eau est effectivement présente sur Mars. L'atmosphère de la planète rouge, très ténue et constituée à 95 % de gaz carbonique, renferme aussi quelques traces de vapeur d'eau. Les calottes glaciaires qui couronnent les pôles, quant à elles, sont formées de glace d'eau. Au pôle Nord, celle-ci est recouverte de glace carbonique, très brillante, qui ne disparaît jamais totalement car la température ne dépasse pas – 125 °C, même en été. Contrairement à la Terre dont la trajectoire est presque circulaire, l'orbite de Mars est assez fortement elliptique et la fin du printemps dans l'hémisphère Nord coïncide avec l'époque où la planète se trouve le plus loin du Soleil.

Canaux martiens observés par MM Perrotin et Thollon, en 1886

La présence d'eau liquide, en revanche, semble hautement improbable. Et pourtant, sa recherche ne date pas d'hier. En 1877 déjà, l'astronome italien Schiaparelli avait cru discerner au télescope des lignes sombres, des « canaux » qu'il avait interprétés comme les signes possibles d'un réseau hydrographique installé par une civilisation extraterrestre. Des personnalités de l'époque, parmi lesquelles l'astronome Camille Flammarion et le futur découvreur de l'ex-planète Pluton, l'Américain Percival Lowell, lui avaient emboîté le pas avec enthousiasme. De fait, il ne s'agissait que d'artefacts engendrés par la forte turbulence atmosphérique de la Terre jointe à la qualité encore médiocre des instruments de l'époque.

Traces de ruissellement à la surface de Mars

Dans les années soixante-dix, le lancement des premières sondes spatiales à destination de la planète rouge allait ranimer le débat. Les photographies transmises ont fait état de ravines, de vallées profondes, de dépressions lacustres, en clair de traces de ruissellement laissant supposer que, dans un passé plus clément, l'eau coulait sur Mars. La découverte de minéraux argileux, issus de l'altération des roches volcaniques par de l'eau liquide, ainsi que la présence de sulfates, résidus potentiels de l'évaporation d'une eau riche en soufre, sont venues étayer cette supposition.

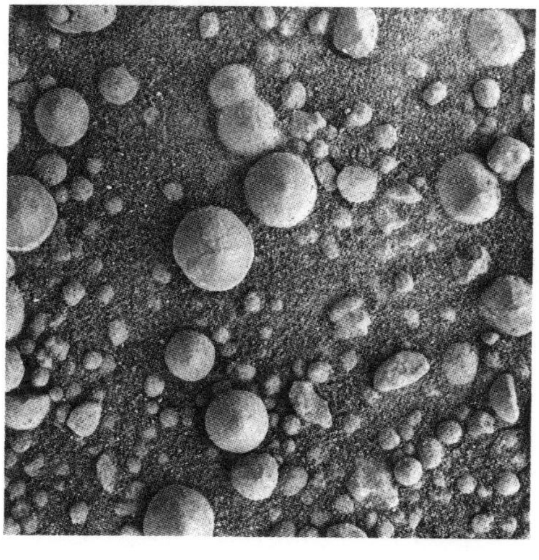

Myrtilles martiennes

Ces sphérules de la taille d'une baie parsèment le site d'atterrissage du robot *Opportunity*. Elles sont constituées d'hématite, vraisemblablement déposée par précipitation de l'eau dans les pores des sédiments.

Où toute cette eau est-elle passée ? Dans le sous-sol ? Les radars de l'orbiteur américain *Mars Odyssey* ont effectivement détecté la présence d'hydrogène, un des composants de la glace d'eau. Et l'existence de structures en « peau d'éléphant » autour de plusieurs cratères laisse présumer l'existence d'une quantité importante de glace mélangée à de la roche, immédiatement sous la surface de Mars. Les auréoles de « boue » observées proviendraient de la liquéfaction du pergélisol martien, gorgé d'eau, sous l'effet de la chaleur dégagée par l'impact des météorites.

Une nouvelle vague d'engins s'apprête à visiter la planète rouge pour tenter de comprendre son passé et, pourquoi pas, d'y déceler des traces de vie.

Une question peut en cacher une autre

La vapeur d'eau martienne ne peut-elle se condenser en liquide ?

Non, pas aux pressions qui règnent sur Mars, près de deux cents fois plus faibles que sur Terre. En se condensant, la vapeur d'eau donne directement de la glace, comme d'ailleurs le dioxyde de carbone. Le passage de l'état de vapeur à l'état liquide n'est possible que pour des pressions supérieures à celles du point triple (0,00609 bar pour l'eau et 5,18 bars pour le dioxyde de carbone).

Et sur la Lune ?

Alors même que la présence d'eau s'avère indispensable pour une future base habitée, la Lune semble très mal lotie en la matière. Les mers lunaires n'ont de mer que le nom : leurs étendues sombres sont constituées de roches basaltiques. Notre satellite étant dépourvu d'atmosphère, l'eau liquide s'évaporerait en un rien de temps et la glace ne tarderait pas à se sublimer.

Il y a quelques années cependant, la sonde américaine *Clementine* repérait une zone brillante au fond du cratère Shackelton, près du pôle Sud lunaire. Dans ces régions où le Soleil reste toujours bas sur l'horizon, la température s'abaisse en dessous de – 200 °C et la glace peut subsister plusieurs milliards d'années avant de passer à l'état de vapeur. Les photographies transmises laissaient espérer de l'eau à l'état solide d'autant plus que, quatre ans plus tard, la sonde *Luna Prospector* détectait de grandes quantités d'hydrogène autour des pôles. Malheureusement, des données récentes collectées par le radiotélescope géant d'Arecibo sembleraient aller à l'encontre de cette hypothèse.

Et ailleurs, dans le système solaire ?

Les anneaux de Saturne vus par la sonde *Cassini*

Les anneaux sont constitués d'une myriade de blocs de glace sale de quelques millimètres à quelques centaines de mètres d'épaisseur.

Mercure et Vénus sont trop proches du Soleil et les températures qui y règnent ne permettent pas d'envisager la présence d'eau liquide ou solide, en surface tout du moins. Mercure est dépourvu d'atmosphère et Vénus est entourée de gaz carbonique et de nuages d'acide sulfurique. La vapeur d'eau n'y est présente qu'à l'état de traces.

Poursuivons notre promenade à travers le système solaire, au-delà de la planète Mars. Les températures sont à présent suffisamment basses pour que la glace y soit présente en permanence, la glace d'eau en particulier. Elle a été détectée à la surface des satellites des planètes géantes et dans les anneaux de Saturne…

Mais d'eau liquide aucune trace, sauf peut-être dans le sous-sol d'Europe. Ce satellite de Jupiter présente une surface bien particulière. Blocs de glace ayant pivoté sur eux-mêmes, banquise entaillée de crevasses, cratères météoritiques fortement nivelés, tout donne à penser que la surface d'Europe a été remodelée

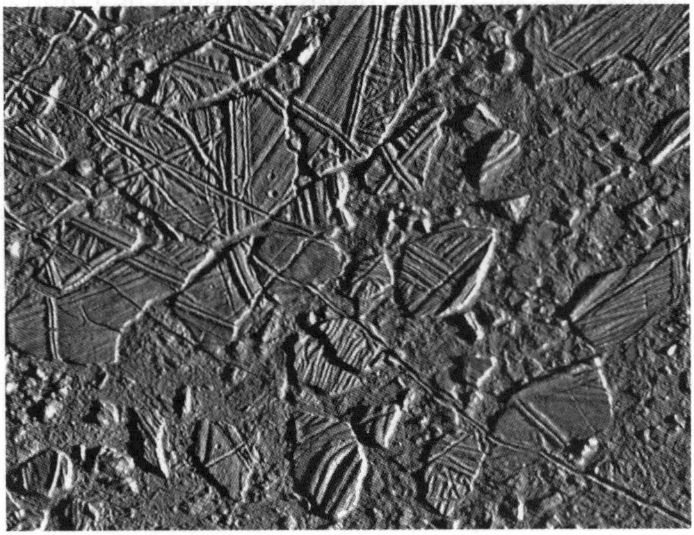

Zoom sur la surface striée d'Europe

Les structures linéaires qui s'entrecroisent délimitent des plaques qui pourraient s'être déplacées les unes par rapport aux autres sur un océan d'eau salée.

et pourrait reposer sur un océan d'eau salée. Les propriétés conductrices de celle-ci expliqueraient du même coup les perturbations observées dans le champ magnétique de Jupiter. Reste à comprendre comment un tel océan liquide aurait pu subsister, si loin du Soleil. Grâce à la chaleur produite par les forces de marée induites par Jupiter à l'intérieur de son satellite dont l'orbite est assez fortement elliptique ? Quoi qu'il en soit, Europe reste à ce jour notre meilleur espoir de trouver des formes de vie microscopique au sein du système solaire.

Quelle est l'origine de l'eau interstellaire ?

Les nuages interstellaires détiennent d'importantes réserves d'eau, dont la formation procède de mécanismes bien spécifiques, très différents de ceux qui, sur Terre, font réagir de l'hydrogène et de l'oxygène moléculaires.

Intéressons-nous d'abord à la provenance de ces deux éléments. L'hydrogène est issu de la nucléosynthèse primordiale, c'est-à-dire qu'il a été engendré directement dans l'Univers issu du Big Bang. L'oxygène, quant à lui, est un produit de la nucléosynthèse stellaire : il a été conçu plus tard, au sein des étoiles.

Lors de la formation de celles-ci, des nuages d'hydrogène s'effondrent sur eux-mêmes et l'énergie gravitationnelle libérée par la contraction de l'ensemble fait augmenter la température. Des réactions de fusion nucléaire démarrent, synthétisant des noyaux de plus en plus lourds. Si l'étoile est suffisamment massive, l'augmentation de température est telle que les réactions thermonucléaires se poursuivent, conduisant à l'oxygène, via le carbone. À la fin de sa vie, l'étoile explose, devenant une supernova, et les éléments chimiques produits sont disséminés dans l'espace.

Plus de cent vingt molécules y ont été observées à ce jour, dont les mécanismes de formation sont tributaires des conditions physiques extrêmement variées qui règnent dans les milieux interstellaires.

Dans les milieux froids et dilués où les températures ne dépassent guère quelques dizaines de kelvins, l'agitation thermique est insuffisante et seules se produisent des réactions peu gourmandes en énergie, dont la formation d'eau. Le processus passe par la création de l'ion H_3^+, espèce très réactive constituée de trois protons et deux électrons. Ce maillon clé de la chimie stellaire résulte de l'ionisation des molécules d'hydrogène sous l'effet du rayonnement cosmique, suivie de leur combinaison avec un atome d'hydrogène. Les ions H_3^+ réagissent sur les atomes d'oxygène, conduisant à la formation d'eau, à l'issue d'une série d'étapes intermédiaires. Les molécules plus complexes, quant à elles, font intervenir un cycle de synthèse cent fois plus long.

Dans les nuages moléculaires denses où la température, parfois, n'atteint pas même la dizaine de kelvins, les atomes d'hydrogène, d'oxygène, de carbone et d'azote se déposent à la surface des grains microscopiques qu'ils rencontrent. Éjectées par les enveloppes extérieures d'étoiles en fin de vie, ces poussières constituent un pour cent environ du milieu interstellaire. Sans l'intervention de ces germes solides, les opportunités de rencontre des atomes seraient infimes. La proximité des espèces capturées facilite la combinaison des atomes, autorisant des réactions chimiques qui auraient du mal à se dérouler en phase gazeuse. La grande mobilité de l'atome d'hydrogène accélère encore le processus, qui mène à la formation de glace d'eau, de méthane, d'ammoniac… L'eau, qui se dépose ici sous forme de glace amorphe, est le constituant majoritaire du manteau de glace interstellaire. Par la suite, le rayonnement ultraviolet provenant des étoiles brise un certain nombre de liaisons moléculaires, qui se reforment différemment, produisant des molécules plus complexes.

Peut-on trouver de l'eau dans les étoiles elles-mêmes ?

En 1995, les spectromètres infrarouge à haute résolution du *National Solar Observatory* de Kitt Peak, en Arizona, détectent de l'eau dans le Soleil. Bien sûr, il ne s'agit pas de flaques d'eau liquide, mais seulement de traces de vapeur.

La molécule d'eau est stable jusqu'à des températures de l'ordre de 3 000 K, ce qui correspond précisément à l'ordre de grandeur de la température au niveau des taches solaires, régions « froides » dans lesquelles elle a été détectée. Reste à comprendre l'origine de l'eau en question. Parmi les hypothèses évoquées : le bombardement du Soleil par les comètes, formées à partir de la matière interstellaire et par conséquent riches en eau.

De la vapeur d'eau et de la glace d'eau cristalline ont également été détectées dans l'environnement d'étoiles jeunes, dans la nébuleuse d'Orion par exemple, et dans les enveloppes d'étoiles en fin de vie. Y aurait-il eu passage de poussières du milieu interstellaire aux enveloppes des étoiles jeunes ?

Les planètes aquatiques relèvent-elles de l'utopie ?

Rien n'est moins sûr : Alain Léger et les chercheurs de *l'Institut d'astrophysique spatiale* d'Orsay ont dressé un portrait-robot des planètes-océans, lors de la conférence internationale *Toward other Earths*, qui s'est tenue en 2003.

Dotées d'une atmosphère, ces exoplanètes renfermeraient un noyau métallique de 4 000 km de rayon environ, enrobé d'un manteau rocheux de 3 500 km d'épaisseur, lui-même surmonté d'une couche de glace de 5 000 km. Cette dernière serait entièrement recouverte d'océans dont la profondeur atteindrait une centaine de kilomètres. D'une masse équivalente à six fois la masse de la Terre, pour une taille deux fois plus importante, les planètes aquatiques se situeraient à la même distance de leur étoile que la Terre du Soleil. Elles seraient relativement faciles à détecter, grâce à la variation de lumière causée par leur passage devant une étoile plus froide. La traque des planètes-océans pourrait ainsi figurer au menu du futur projet *Eddington* de *l'European Spatial Agency*, l'ESA.

Va-t-on y détecter de la vie ? En dépit de l'atout que constitue la présence d'eau liquide, les obstacles ne manquent pas. A priori, aucune activité volcanique ne pourrait réchauffer des fonds océaniques que 5 000 km de glace séparent de toute source hydrothermale. Et comme aucun continent ne viendrait ralentir leur mouvement, d'énormes cyclones, tirant leur énergie de la vapeur d'eau aspirée au-dessus des océans, déchaîneraient des vagues monstrueuses.

ENTRE DEUX EAUX

Elles ont insisté pour faire partie de l'ouvrage…

L'eau de Javel

Je suis née en 1785 dans le village de Javel (aujourd'hui un quartier du XVe arrondissement de Paris), dans un ex-moulin reconverti en manufacture de vitriol et d'eau-forte.

L'usine vivotait jusqu'au jour où mon père, le chimiste Berthollet, intervint. Cet homme de science et de bien, qui connaissait les propriétés oxydantes du chlore, proposa de les appliquer au blanchiment du linge. À l'époque, les ménagères étalaient leurs draps sur les prés en plein soleil, attendant que les ultraviolets et l'oxygène fissent leur effet, ce qui demandait, on s'en doute, du temps et de l'espace. Un peu de chlore dissous dans une solution de potasse (pour le stabiliser), et je suis prête ! Je me flatte d'avoir contribué tout à la fois au bien-être des ménagères, en rendant le linge plus blanc, et à celui des agriculteurs, en rendant les prés de Javel à leur utilisation première.

Mon histoire cependant ne s'arrête pas là. Les médecins et les pharmaciens découvrent mes vertus désinfectantes et bactéricides. Calmette, collaborateur de Pasteur et inventeur du BCG, constate que je détruis le bacille de la tuberculose. Les militaires de Verdun, en rupture d'eau potable, font appel à moi durant la Première Guerre mondiale : je sers à assainir les eaux de la Meuse, près de Verdun, d'où le terme de verdunisation pour désigner la javellisation. Jusqu'à la NASA, qui a recours à mes services pour désinfecter *Apollo XI* à son départ pour la Lune et à son retour.

L'eau de Dakin

Moi aussi, je renferme du chlore. Antiseptique et désinfectante, je lave et nettoie plaies et muqueuses. Je suis née pendant la Première Guerre mondiale d'une collaboration franco-américaine entre le chirurgien Alexis Carrel et le chimiste Henry Drysdale Dakin. Je suis faite d'eau de Javel diluée, additionnée de permanganate de potassium, qui stabilise le chlore et me donne une jolie couleur rosée.

L'eau oxygénée

Pure, j'ai l'aspect d'un liquide sirupeux et incolore, à la saveur métallique prononcée. Peroxyde d'hydrogène de mon vrai nom, ma formule s'écrit H_2O_2, car je renferme un oxygène de plus que l'eau. Découverte en 1818 par Thenard, je suis instable et me transforme progressivement en oxygène et en eau. Je me décompose rapidement au contact de corps pulvérulents comme l'or, le platine, l'argent et le charbon, ou par oxydation du magnésium, du fer, de l'étain, de la potasse et de la soude. Pure, je peux libérer 475 fois mon volume en oxygène ! Et vendue en pharmacie, diluée avec de l'eau, dix, vingt ou trente fois, selon le conditionnement. La lumière accélère le processus, raison pour laquelle on me stocke dans des flacons opaques ou teintés.

Je désinfecte grâce à l'oxygène que je libère. Hémostatique, je provoque la coagulation du sang. Jadis, on m'utilisait aussi pour décolorer les cheveux, blanchir la soie sauvage, les plumes d'autruche, fort à la mode à l'époque, le lin, la laine et j'en passe... J'ai également rendu leur fraîcheur à de vieux tableaux, dont les peintures blanches à base de carbonate de plomb étaient devenues noires suite à sa métamorphose en sulfure de plomb. Il me suffisait de changer le sulfure de plomb en sulfate de plomb, blanc comme la céruse d'origine, et le tour était joué !

L'eau régale

On m'appelle ainsi car je réussis à « dissoudre » les métaux dits royaux, comme l'or et le platine. C'est l'alchimiste arabo-yéménite Jabir ibn Hayyan qui m'a découverte au IXe siècle avant notre ère. Ma composition : un volume d'acide nitrique concentré pour trois volumes d'acide chlorhydrique concentré. Je précise que l'union fait la force, car aucun de ces deux acides isolés ne parvient à attaquer l'or et le platine. Malgré tout, certains métaux extrêmement rares comme le ruthénium me donnnent du fil à retordre.

Passe à poissons d'un barrage EDF

Les poissons sont guidés par les remous qui prennent naissance à l'entrée de la passe.

AU FIL DE L'EAU
LE SAVIEZ-VOUS ?

Un iceberg équipé pour la guerre

Au début de la Seconde Guerre mondiale, la Grande-Bretagne, qui manque cruellement de porte-avions pour attaquer les sous-marins allemands, se met à rêver à la possibilité de réaliser des plates-formes de glace. Les icebergs sont pratiquement insensibles aux explosifs et les pilotes de l'Arctique les utilisent parfois comme piste d'atterrissage. L'idée enthousiasme Winston Churchill mais le projet, jugé incertain et trop coûteux, restera sans suite.

Un Tribunal de l'eau

Chaque jeudi, un Tribunal se réunit sur la place de la cathédrale de Valence pour régler les litiges concernant la distribution de l'eau des huit canaux irriguant les dix-sept mille hectares de terres cultivables de la région. Cette instance, qui remonte au califat de Cordoue en l'an 960 de notre ère, constitue un exemple d'autogestion de l'eau par la population.

Voleuse d'eau

Les clepsydres mesuraient le temps par écoulement de l'eau à travers un orifice situé au bas d'un récipient. Étymologiquement, « clepsydre » signifie voleuse d'eau, par allusion au gaspillage du précieux liquide. Le terme provient de deux mots grecs, le premier signifiant « voleur » et que l'on retrouve dans « kleptomane », le second faisant référence à l'eau et qui apparaît dans le préfixe « hydro ».

Après la Grande Muraille, le Grand Barrage

Haut de plus de cent mètres, long de plus de deux kilomètres, le barrage chinois des Trois Gorges, édifié sur le Yang-Tseu-Kiang, l'ancien fleuve Bleu, vient d'être achevé. Cette installation hydroélectrique, la plus grande au monde, suscite de vastes polémiques. Plus d'un million d'habitants ont été déplacés pour sa construction. Des vestiges archéologiques ont été engloutis dans le lac de barrage. La réduction de la sédimentation en aval risque de faire reculer le delta du fleuve. Sans compter les problèmes écologiques et le risque de rupture de l'installation.

Chasseurs d'icebergs

Deux entreprises canadiennes commercialisent l'eau des icebergs. Cette eau virginale, naturellement préservée, est mise en bouteille directement ou sert à mitonner une vodka haut de gamme. Des navires spéciaux sont affrétés pour « récolter » les fragments de glace.

Boissons fraîches

Les populations nomades des pays chauds utilisaient des outres de toile poreuse pour garder l'eau au frais. L'évacuation de chaleur due à l'évaporation évitait la montée en température.

Glaciers sur mesure

Au nord du Pakistan, les populations ont fabriqué leurs glaciers elles-mêmes pour lutter contre la sécheresse.

Filets à brouillard

Des filets à brouillard ont été installés au Chili, au Pérou, au Népal… Ils captent l'eau en suspension, qui s'écoule le long de gouttières avant d'être stockée. Au Chili, à Chungungo, une centaine de panneaux de polypropylène de quelques dizaines de m^2 produisent 15 000 litres par jour.

Histoires de zéros

Le zéro hydrographique est différent du zéro des cartes terrestres, de type IGN, dont la référence se trouve à 1,661 mètre sous le repère fondamental situé dans le local du marégraphe de Marseille. Sur les cartes marines françaises, le zéro hydrographique correspond généralement au niveau des plus basses mers. Sur les cartes anglaises, la référence est le niveau moyen de la mer.

Points amphidromiques

Même dans les océans, il existe des lieux pratiquement sans marée, appelés points amphidromiques. On en connaît actuellement seize dans le monde, pour lesquels le niveau d'eau reste pratiquement inchangé. Le premier d'entre eux a été découvert en 1840, en mer des Flandres. Dans l'hémisphère Nord, l'onde de marée tourne autour des points amphidromiques dans le sens contraire des aiguilles d'une montre.

Les marées du siècle

Pour une prochaine marée de coefficient 119, il faudra sans doute patienter jusqu'au 21 mars 2011, voire au 21 mars 2015. Et pour un coefficient 120, il faudra attendre le 25 mars 2073.

Des lacs sous le pôle Sud

Il existe une centaine de lacs sous-glaciaires en Antarctique. Le plus grand d'entre eux, le lac Vostok, s'étend sur près de 14 000 km^2. En surface, la température atteint souvent – 60 °C alors qu'à quatre kilomètres de profondeur, elle approche de 0 °C car la Terre dégage de la chaleur qui fait fondre les glaces profondes. L'eau n'a plus qu'à s'accumuler dans les creux du relief. Des carottages réalisés au-dessus du lac Vostok ont montré la présence de quelques bactéries, donc de traces de vie. Ils ont été interrompus, car nécessitant l'intervention de kérosène, un polluant potentiel.

Paris, ville d'eaux

La capitale figurait jadis au nombre des villes d'eaux réputées. En 1628, on trouvait dans les sous-sols d'Auteuil et de Passy une eau à forte teneur en sulfate de calcium et en fer, recherchée pour ses vertus digestives dans le cas de la source Guicherat, respiratoires dans celui de la source des Batignolles. En 1800, le financier Delessert aménage un parc thermal, qui sera fréquenté jusqu'à sa destruction en 1913, dans le cadre des travaux du métropolitain. L'eau était vendue en bouteilles : la source de Guicherat en écoulait jusqu'à 140 000 par an et celle de l'Atlas, la dernière en exploitation, 350 000 en 1852.

Eau à tous les étages

En 1883, on n'en est pas encore là, mais le préfet Poubelle fait promulguer une ordonnance préfectorale qui oblige les propriétaires à fournir de l'eau (froide) à leurs locataires en quantité suffisante, dans les logements eux-mêmes ou à proximité.

En 1930, 23 % des communes disposent d'un réseau de distribution d'eau à domicile mais, en 1945, 70 % des communes rurales ne sont pas encore desservies. Il faudra attendre les années 1980 pour que la quasi-totalité des Français bénéficient de l'eau courante à domicile.

Origine du « tout-à-l'égout »

Dès 1850, pour lutter contre les épidémies propagées par l'eau, le préfet Haussmann confie à l'ingénieur Eugène Belgrand la conception et la réalisation d'un projet d'évacuation des eaux usées. Les immeubles parisiens furent connectés à un réseau public, mais seulement pour les eaux pluviales et ménagères. Les « eaux-vannes », c'est-à-dire celle des fosses d'aisance atterrissaient dans des cuves spéciales placées au pied des immeubles, régulièrement vidangées par des agents nommés « fifis ». Ce n'est qu'en 1894, après plusieurs dizaines d'années d'observation, que les autorités sanitaires, estimant qu'il n'y avait aucun risque à raccorder les eaux-vannes au réseau, promulguèrent la loi du « tout-à-l'égout ».

Sous les pavés, le chauffage

La vapeur d'eau produite lors de l'incinération des ordures ménagères est utilisée pour le chauffage urbain. Les déchets de six familles en chauffent une. Deux tuyaux, un gros pour la vapeur, un autre pour l'eau recondensée, circulent ainsi sous la chaussée parisienne.

Rien ne se perd, rien ne se crée

L'eau que nous buvons a déjà été bue et recyclée une dizaine de fois.

Un écrin pour l'eau

L'eau est conditionnée dans des bouteilles de verre, de PVC ou dans des emballages compactables de polyéthylène téréphtalate.

Les noms des nuages

Le pharmacien Luke Howard, père de la météorologie britannique, avait établi une première classification systématique des nuages en 1803. La plupart des termes sont restés.

Électrons hydratés

Au début des années 1960, l'Américain Edwin Hort découvre une nouvelle structure : les amas d'électrons hydratés. En injectant un excès d'électrons dans de l'eau liquide de petites cages moléculaires se créent autour des électrons, ce qui augmenterait la réactivité de l'eau.

Ascenseurs à poissons

De la succession de bassins étagés nommée passe à poissons à la véritable cage-ascenseur comme à Poutès, dans l'Allier, écluses et centrales hydroélectriques incorporent de plus en plus des dispositifs de franchissement pour les espèces migratrices.

Le réservoir de Montsouris (vue intérieure)

Annexe III

LIMITES DE QUALITÉ DES EAUX DESTINÉES À LA CONSOMMATION HUMAINE

Composé	Teneur maximale
Acrylamide	0,10 µg/L
Antimoine	5,0 µg/L
Arsenic	10 µg/L
Baryum	0,7 mg/L
Benzène	1,0 µg/L
Benzopyrène	0,010 µg/L
Bore	1,0 mg/L
Bromates	10 µg/L
Cadmium	5,0 µg/L
Chrome	50 µg/L
Chlorure de vinyle	0,5µg/L
Cuivre	2,0 mg/L
Cyanures totaux	50 µg/L
1,2-dichloroéthane	3,0 µg/L
Épichlorhydrine	0,10 µg/L
Fluorures	1,5 mg/L
Hydrocarbures aromatiques polycycliques	0,1 µg/L
Mercure total	1,0 µg/L
Microcystine-LR	1,0 µg/L
Nickel	20 µg/L
Nitrates	50 mg/L

Nitrites	0,50 mg/L 0,10 mg/L pour les eaux conditionnées
Pesticides	0,10 µg/L par pesticide 0,03 µg/L pour les composés suivants : aldrine, dieldrine, heptachlore et heptachlorépoxyde 0,50 µg/L au total
Plomb	10 µg/L
Sélénium	10 µg/L
Tétrachloroéthylène et trichloréthylène	10 µg/L
Total trihalométhane (THM)	100 µg/L

Contrairement aux limites de qualités, les références de qualité sont des paramètres indicatifs et n'ont pas de caractère impératif, même si leur non-conformité peut signaler des dysfonctionnements. Les normes sont détaillées sur le site internet du ministère de la Santé, dans la rubrique « Eaux destinées à la consommation humaine à l'exclusion des eaux minérales », articles R1321-1 à D1321-68.

GLOSSAIRE

Albédo : proportion du flux solaire réfléchi ou diffusé.

Artésien (puits) : puits duquel l'eau jaillit spontanément car la partie la plus haute de la nappe captive se situe à une altitude supérieure à celle où l'on creuse le puits.

Caléfaction : lors de la projection brutale d'eau sur une plaque chaude, formation d'une mince couche de vapeur sur laquelle l'eau, fractionnée en gouttes sphériques, adopte des mouvements désordonnés.

Capillarité : manifestation des forces de tension superficielle.

Chondrite : météorite primitive en grande partie formée de chondres, particules sphériques cristallisées à partir de liquides silicatés.

Clathrate : solide cristallisé dans lequel des atomes ou molécules invités sont piégés dans des cages ménagées par l'assemblement tridimensionnel des molécules hôtes (ici l'eau).

Condensation : formation d'un solide ou d'un liquide à partir d'un gaz.

Cristal : forme organisée de la matière solide, au sein de laquelle les différents atomes occupent des places précises, selon un motif répétitif.

Demi-vie (ou période radioactive) : durée à l'issue de laquelle l'activité d'un radionucléide a été divisée par deux.

Deutérium : isotope radioactif de l'hydrogène, comportant un proton et un neutron (hydrogène 2).

Distillation : séparation par chauffage des constituants d'un mélange homogène, en fonction de leurs températures d'ébullition.

Dystrophisation : eutrophisation galopante.

Eau distillée : eau purifiée par distillation, donc débarrassée d'impuretés organiques et minérales et de gaz dissous.

Eau juvénile : d'origine géochimique, elle est produite par le dégazage des roches magmatiques contenues dans les profondeurs du globe. L'eau juvénile ne participe pas au cycle de l'eau.

Eau légère : eau constituée d'hydrogène ordinaire (hydrogène 1) et d'oxygène ordinaire (oxygène 16) et non de leurs isotopes lourds.

Eau lourde : eau contenant du deutérium, isotope lourd de l'hydrogène.

Eau permutée : eau dont les ions calcium et magnésium ont été remplacés par des ions sodium lors du passage sur un échangeur d'ions (zéolithe, résine).

Eau tritiée : eau contenant du tritium, isotope lourd de l'hydrogène.

Ébullition : passage, à température et pression déterminées, de l'état liquide à l'état gazeux se caractérisant par la formation de bulles dans l'ensemble du liquide.

Électrolyse : décomposition d'une substance par passage d'un courant électrique continu.

Élément (chimique) : ensemble des noyaux comportant un même nombre de protons.

Eutrophisation : prolifération de plantes aquatiques consécutive à l'enrichissement des eaux en nitrates et phosphates.

Évaporation : passage progressif de l'état liquide à l'état gazeux, à température ordinaire, et qui n'affecte que la partie superficielle du liquide.

Évapotranspiration : transpiration des végétaux.

Fission : réaction nucléaire au cours de laquelle un noyau lourd se scinde en noyaux moyens, généralement au nombre de deux.

Fusion : réaction nucléaire au cours de laquelle deux noyaux légers s'unissent pour former un noyau plus stable (nucléosynthèse, bombe H).

Guttation : rejet d'eau par des structures situées au sommet d'une plante.

Hydrophile : qui présente des affinités pour l'eau.

Hydrophobe : qui a tendance à fuir l'eau.

Hydrosphère : totalité des eaux présentes sur notre planète, à l'état de gaz, liquide ou solide.

Ion : atome ou groupe d'atomes ayant gagné ou perdu un ou plusieurs électrons.

Ionisation : création d'ions.

Isotope (d'un même élément chimique) : noyaux possédant le même nombre de protons mais différant par leur nombre de neutrons.

Liaison hydrogène : interaction entre l'atome d'hydrogène d'une liaison polarisée et un doublet d'électrons non liant porté par un atome comme l'oxygène ou l'azote.

Molécule : assemblage d'atomes unis par des liaisons de covalence, lesquelles consistent en la mise en commun de deux électrons entre deux atomes.

Marnage : différence de hauteur entre une pleine mer et une basse mer consécutives. Le marnage correspond au double de l'amplitude de la marée.

Nanomètre : millionième de millimètre.

Nucléon : constituant du noyau atomique, neutron ou proton.

Nucléosynthèse : élaboration successive d'éléments chimiques de plus en plus lourds, jusqu'au fer 56, dans l'univers primordial puis au sein des étoiles.

Osmose : diffusion à travers une membrane des molécules d'eau d'un milieu plus concentré (en sel par exemple) vers un milieu moins concentré.

Osmose inverse : diffusion à travers une membrane des molécules d'eau d'un milieu moins concentré (en sel par exemple) vers un milieu plus concentré. L'osmose inverse nécessite une mise en pression.

Période : voir demi-vie.

pH : potentiel hydrogène, grandeur caractérisant l'acidité (ou la basicité) d'une solution. Plus le pH est bas, plus l'acidité est élevée. Plus le pH est fort, plus la basicité est grande. À 25 °C, le pH neutre vaut 7.

Phréatique (nappe) : nappe d'eau souterraine libre (non captive), peu profonde, alimentée par les rivières ou par les eaux de pluie, accessible en creusant des puits.

Point critique : point au-delà duquel on n'observe plus de discontinuité entre l'état liquide et la vapeur. Pour l'eau, la température correspondante est 374 °C et la pression 220 bars. À partir de cette température, la compression isotherme du gaz n'entraîne plus la liquéfaction.

Point de rosée : température en dessous de laquelle une masse d'air est saturée en eau.

Point triple : point auquel coexistent les trois états d'un corps pur. Pour l'eau, la température est 273,15 K et la pression 0,00609 bar.

Polaire : en chimie, molécule dans laquelle le centre de gravité des charges positives est distinct de celui des charges négatives.

Radioactivité : émission spontanée de particules chargées ou non par certains noyaux atomiques.

Salinité : nombre sans dimension correspondant au nombre de grammes de sels présent dans un litre de solution aqueuse.

Saturante (tension de vapeur) : pression de vapeur d'eau au-delà de laquelle l'évaporation n'est plus possible. Quand la pression de vapeur d'eau atteint la pression atmosphérique, l'eau commence à se condenser.

Soliton : onde solitaire se déplaçant sans déformation dans un milieu non linéaire.

Spectre : gamme des radiations obtenues par décomposition d'une lumière ou d'un rayonnement complexes.

Spectromètre de masse : appareil utilisé pour mesurer les masses atomiques et moléculaires et séparer les isotopes d'un même élément. Une fois ionisées, les particules sont accélérées par un champ électrique puis déviées par un champ magnétique, en fonction de leur masse.

Spectroscope : appareil (prisme ou réseau) permettant de séparer des radiations lumineuses (ou électromagnétiques en général).

Sublimation : passage direct de l'état solide à l'état gazeux.

Supercritique : fluide combinant les propriétés des gaz et des liquides (voir aussi point critique).

Surfusion : maintien de l'état liquide en dessous de la température de solidification habituelle.

Tension superficielle : forces intermoléculaires se manifestant à l'interface d'un liquide.

Tritium : isotope radioactif de l'hydrogène, comportant un proton et deux neutrons (hydrogène 3).

PISTES DE LECTURE

- *ALLÈGRE C.*, Géologie isotopique, *De Boeck, 2000.*
- *ASHLEY S.*, Warp Drive Underwater, *Scientific American, mai 2001.*
- *BROCHARD-WYART F., de GENNES P.-G., QUÉRÉ D.*, Gouttes, bulles, perles et ondes, *Belin, 2005*
- *CHEVALLIER H.*, L'eau, un enjeu pour demain, *Éditions Ellébore, 2007.*
- *COPIN-MONTÉGUT G.*, Chimie de l'eau de mer, *Institut océanographique, 2002.*
- *COURTY J.-M., KIERLIK É.*, L'ivresse des bulles, *Pour la Science, novembre 2005.*
- *DEGRÉMONT*, Memento Technique de l'eau, *Éditions Lavoisier, 1978.*
- *ENCRENAZ T.*, À la recherche de l'eau dans l'Univers, *Belin, Pour la Science, 2004.*
- *FAUQUE D.*, La grande expérience de Lavoisier, *Pour la Science, octobre 2005.*
- *FRANCK L.*, Eau à tous les étages, *Compagnie Générale des Eaux, 1999.*
- *GUÉRIN O.*, Tout savoir sur les marées, *Éditions Ouest-France, 2004.*
- *LACOSTE Y.*, L'eau dans le monde, *Larousse, 2008*
- *LAMBERT G., CHAPELLAZ J., FOUCHER J.-P., RAMSTEIN G.*, Le méthane et le destin de la Terre, *EDP Sciences, 2006.*
- *LESBROS D.*, Les coulisses de Paris, *Parigramme, 2007.*
- *MATTÉ B.*, Histoire de l'arc-en-ciel, *Seuil, 2005.*
- *REY L.*, La neige, ses métamorphoses, les avalanches, *Anena, 1975 et 1986.*
- *SANTAMARIA C.*, La physique tout simplement, *Ellipses, 2007*

SUR LE WEB

- **www.cieau.com** : le centre d'information de l'eau, site de l'Office international de l'eau
- **www.eaudeparis.fr** :site de la Société de gestion des Eaux de Paris
- **www.eau-seine-normandie.fr/fileadmin/mediatheque/bocage-normands/pdf/traitement%20des%20eaux%20et%20consommation.pdf** La production et le traitement des eaux destinées à l'alimentation et à la préparation des denrées alimentaires, Emmanuel Jestin
- **www.ecologie.gouv.fr** : site du Ministère de l'Écologie, de l'Énergie, du Développement durable et de l'Aménagement du territoire
- **www.edf.fr** : site de l'EDF
- **http://planet-terre.ens-lyon.fr** : site de l'École normale supérieure de Lyon
- **www.sante.gouv.fr** : site du ministère de la Santé, de la Jeunesse, des Sports et de la Vie associative
- **www.shom.fr** : site du service hydrographique et océanographique de la marine

CRÉDIT PHOTOGRAPHIQUE

- Alain Carion (IX,1)
- CEA, P. Stroppa (VII,0,4)
- CEA, A. Gonin (VIII,5)
- CEA, CNRS, P. Doira (VIII,6)
- CNES, illustration David Ducros (VIII,2)
- Eau de Paris, (V,1)
- ESA, (III,3)
- Cyrille Dupont, Lyonnaise des Eaux (V,4)
- NASA (IV,0) ; (IX,0,4,5,6,7)
- Photothèque Veolia Eau, Richard Mas (VIII,4)
- SIVOM Agglomération mulhousienne (VI,1)
- SNO, Observatoire de neutrinos de Sudbury (VII,5,6)
- Société astronomique de France (IX,2,3)
- Photos et illustrations de l'auteur (I,0,1,2,5) ; (II,0,1,2,3,4) ; (III,2,5,6,7,8,9,10) ; (IV,1,2) ; (V,0,3,5) ; (VII,1,3) ; (VIII,1,7,8, 10,11)

Achevé d'imprimer sur les presses de l'Imprimerie BARNÉOUD
53960 BONCHAMP-LÈS-LAVAL
Dépôt légal : mai 2009 - N° d'imprimeur : 904122
Imprimé en France